我国甘薯碎蔓收获机械化技术研究

WOGUO GANSHU
SUIMAN SHOUHUO
JIXIEHUA JISHU YANJIU

胡良龙　王 冰　王公仆　著

中国农业科学技术出版社

图书在版编目（CIP）数据

我国甘薯碎蔓收获机械化技术研究 / 胡良龙，王冰，王公仆著 . —北京：中国农业科学技术出版社，2021. 6

ISBN 978-7-5116-5358-1

Ⅰ. ①我…　Ⅱ. ①胡…②王…③王…　Ⅲ. ①甘薯—收获机具　Ⅳ. ①S225.5

中国版本图书馆 CIP 数据核字（2021）第 101176 号

责任编辑 李冠桥
责任校对 贾海霞
责任印制 姜义伟　王思文

出 版 者 中国农业科学技术出版社
北京市中关村南大街12号　　邮编：100081
电　　话 （010）82109705（编辑室）（010）82109702（发行部）
（010）82109709（读者服务部）
传　　真 （010）82106625
网　　址 http: // www.castp.cn
经 销 者 各地新华书店
印 刷 者 北京建宏印刷有限公司
开　　本 710mm×1 000mm　1/16
印　　张 14
字　　数 210千字
版　　次 2021年6月第1版　　2021年6月第1次印刷
定　　价 70.00元

前 言

甘薯是一种抗旱、耐贫瘠、增产潜力巨大的作物，于明朝万历年间传入中国，对明清时期中国的食物结构和人口增长产生了深远影响，曾是中华人民共和国20世纪60—70年代困难时期老百姓的主要粮食“替代品”，有“甘薯救活一代人”之说。甘薯营养丰富、用途广泛，是重要的粮食、饲料、工业用淀粉原料及新型能源用原料，是世界粮食生产的底线作物和极具竞争力的能源作物，亦是优质的抗癌保健食品，是欠发达地区主要经济作物之一，在灾年、歉年仍是重要的救灾粮食，具有特殊战略意义。

甘薯是高垄种植的劳动密集型作物，其田间生产机械主要包括排种、耕整、起垄、剪苗、移栽、田间管理（灌溉、中耕、施药等）、除蔓、收获等作业机具，其中除蔓、收获是其生产中用工量最多、劳动强度最大的环节，用工量占全程的42%左右。

我国是全球最大的甘薯生产国，但机械化生产程度却不高，目前国内甘薯除蔓收获综合机械化率依然很低（平原地区只在30%左右），不少地方仍以人工作业为主。长期以来我国甘薯除蔓收获机械的研发滞后于生产需求，不仅落后于发达国家，而且落后于国内的马铃薯等根茎类作物，机具专用化、高效化、系列化程度较低，作业质量不高等问题突出。

目前国内的甘薯机械去除藤蔓仍以藤蔓机械粉碎还田作业形式为主，机械碎蔓时存在的藤蔓易缠绕阻塞刀辊、藤蔓粉碎率低、垄顶留茬长、伤薯率高、垄沟残蔓多、垄沟需二次清理、作业组件磨损快、机具使用寿命短等问题十分突出。而机械挖掘收获存在着挖深不稳定、缠绕严重、壅土阻塞、作业顺畅性差、破损多、功耗大、设备寿命短和辅助人工过多等问题突出。碎蔓收获机械落后已成为制约我国甘薯生产机械化发展的主要技术瓶颈，制约了甘薯规模化生产和种植积极性的提升，已严重影响了产业健康稳定发展，因此加快研发推进甘薯碎蔓收获生产机械化已成为甘薯产业当前面临的一项急迫任务。

为推进我国甘薯碎蔓收获生产机械化技术研究与发展，特撰写本书。全书包括概述、甘薯碎蔓收获机械研究现状、收获期甘薯藤蔓机械特性研究、1JSW-600型步行式薯蔓粉碎还田机研究设计、1JHSM-900型悬挂式薯蔓粉碎还田机研究设计、4GSL-1型自走式甘薯联合收获机研究设计、4GS-1500型甘薯分段收获机研究设计、4GL-1型甘薯收获挖掘犁研究设计、宜机化碎蔓收获配套技术研究、总结与展望等内容。全书从农机农艺融合视角出发，以宜机化碎蔓收获和全程机械化作业为目标，通过大量文献分析和实地调研，较为系统地阐述了国内甘薯的生产种植特点、甘薯碎蔓收获生产机械类型，总结分析了国内外甘薯碎蔓收获机械化技术研发现状，提出发展趋势，结合实际工作，开展了甘薯藤蔓收获特性的研究，重点从整机结构与工作原理、关键部件设计、参数试验优化、推广应用情况等几个方面对1JSW-600型步行式薯蔓粉碎还田机、1JHSM-900型悬挂式薯蔓粉碎还田机、4GSL-1型自走式甘薯联合收获机、4GS-1500型甘薯分段收获机、4GL-1型甘薯收获挖掘犁等几款典型碎蔓收获机具开展机构设计和研究优化，并从全程机械化作业的角度研究提出了适宜甘薯机械化碎蔓收获的配套农艺、作业模式、选机原则等，为我国甘薯碎蔓收获生产机械化典型机具结构参数设计、农机农艺配套等提供理论依据和参考借鉴，旨在提升我国甘薯生产机械化整体技术水平。

本书研发成果是在“‘十三五’国家重点研发计划”“国家现代农业甘薯产业技术体系”等专项资金资助下完成的，在撰写过程中得到了农业农村部南京农业机械化研究所马标助理研究员、吴腾助理研究员、申海洋同学等同志的帮助，在此，一并致以衷心感谢！

我国甘薯生产机械化整体来说正处于起步发展阶段，不少环节作业机具虽实现了从无到有，但从有到好、从好到优、从优到全还有很长的路要走，本书研究提出的典型机具、结构参数、技术模式等希望能够抛砖引玉，启发大家研究出更多、更好的科研成果。

限于作者水平，书中疏漏和不妥之处在所难免，恳请读者不吝赐教、批评指正，以期在后续科研工作中不断完善提升。

著 者

2021年3月

目 录

1 概 述

1.1 中国甘薯产业概况

甘薯［*Ipomoea batatas*（L.）Lam.］属旋花科甘薯属，一年生或多年生蔓生草本，又名山芋、番薯、红薯、白薯、地瓜、红苕等，因地区不同而称谓各异。

甘薯起源于南美洲，现已在100多个国家广有种植。明朝万历年间福建长乐人陈振龙、广东东莞人陈益、广东吴川人林怀兰分别从南洋、安南等地将甘薯带入中国的福建、广东，经几代人的努力，而后向中国的长江流域、黄河流域及台湾等地传播，对明清时期中国的食物结构和人口增长产生了深远影响。

甘薯性喜温，是短日照作物，根系发达，较耐旱，对土壤要求不严，是一种抗旱、耐贫瘠、增产潜力巨大的作物，被称为荒地开发的先锋作物，曾是中华人民共和国20世纪60—70年代困难时期老百姓的主要粮食“替代品”，有“甘薯救活一代人”之说。

甘薯营养丰富、用途广泛，是重要的粮食、饲料、工业原料及新型能源用原料，是世界粮食生产的底线作物和极具竞争力的能源作物，亦是优质的抗癌保健食品，是欠发达地区主要经济收入之一，在灾年、歉年仍是重要的救灾粮食，发挥了特殊战略意义。

我国是世界上最大的甘薯种植国，在20世纪60—70年代，我国甘薯种植面积达到鼎盛时期的1亿多亩（1亩约为667m^2），后由于稻麦育种种植技术进步、旱田改水田力度加大，稻麦等粮食作物产量增长较快，国民饮食结构也发生了较大变化，甘薯的种植面积逐年下降，现已基本稳定在5 000万亩左右（行业学会估算，比较接近生产实际），在我国粮食生产面积中仅次于马铃薯，居第五位，但由于其育种种植技术不断进步，总产量却下降不大，基本稳定在8 000万t左右，在我国粮食作物生产总量中仅次于水稻、小麦、玉米。我国甘薯以黄淮海平原、长江流域和东南沿海种植最为集中，主要生产省份有四川、河南、山东、重庆、广东、安徽、河北、湖北等，其在平原坝区、丘陵薄地的沙壤土、壤土、黏土皆有种植。

甘薯用途随着社会经济和膳食结构的发展而变化，一般经历“食用为主，饲、食、加工并重，加工为主、食饲兼用”几个阶段。目前，我国已经转向以加工为主的阶段，淀粉薯所占比例最大，优质鲜薯食用发展较快，菜用薯市场正在开辟成长。甘薯在部分发展中国家作为粮食的功能并未衰退，非洲一些国家几乎将甘薯全部作为食用，如乌干达、布隆迪等国人均年消费100kg左右。发达国家和地区人均年消费仅2～6kg，多强调其保健功能和优质鲜食用途。

甘薯营养丰富，富含淀粉、糖类、蛋白质、维生素、纤维素以及各种氨基酸，是非常好的营养保健食品。就世界范围而言，目前约80%的甘薯用于直接食用和食品加工。1996年日本国立癌症预防科学研究所研究表明甘薯具有抗癌作用，2005年1月世界卫生组织公布的最佳食品榜中，甘薯名列第一。

1.2　中国甘薯生产种植特点

1.2.1　宜机化收获的种植集中度不够

世界甘薯主要产区分布在北纬40°以南，栽培面积以亚洲最多

（超50%），非洲次之（40%），美洲居第三位（4%），主要集中在发展中国家，美、日、韩等发达国家有一定种植面积。据联合国粮农组织（FAO）统计，2019年世界甘薯种植面积为7 768 870hm^2，产量达9 182.09万t，平均单产为11 819.1kg/hm^2，除种植面积增加1.09%外，其余数据均比2018年有所下降；2019年中国的甘薯种植面积为2 373 737hm^2，产量达5 199.22万t，平均单产为21 903.1kg/hm^2，单产水平是全球的1.85倍，但与2018年中国自身甘薯主要数据相比，均略有下降。

我国是全球最大的甘薯生产国，种植面积占全球的30%左右，总产量占全球的56%左右。近年，我国甘薯生产目的已转向加工（制作淀粉和酒精）为主、鲜食比例不断增加、饲用比例逐步下降、菜用市场逐步成长的阶段。

国内甘薯种植面积虽大，整体上看，集中种植和分散种植并存，集中种植规模还不大，规模经营主体大的还不多。随着土地流转政策推进，各省份虽都出现一些种植企业、种植大户或专业生产合作社，其面积大的能达到近万亩，不少是几百亩至上千亩不等，尤其是河南、山东、安徽、新疆等省（自治区），也能集中成片种植，为机械化收获提供了便利条件，但不少田块还是几亩或十几亩一块，或是将周边农户统一组织起来种植，只不过是连片，但小地块的格局并没有发生变化，相对面积还是不大，又制约了机械化生产作业效率的提升。目前国内许多地方仍为一家一户的分散种植，其中种植户较多的四川、重庆地区由于特殊地形，其种植户的田地仍然散布在丘陵山地之间，极少有大田块种植的。国内的分散种植规模一般在0.5～3.0亩，田块小、集中成片种植少。

1.2.2 种植区域地形土壤条件复杂

甘薯在我国分布较广，以黄淮海平原、长江流域和东南沿海种植最为集中，种植面积较大的省份有四川、河南、山东、重庆、广东、安徽等。根据我国气候条件、甘薯生态型、行政区划、栽培习惯等，一般可将甘薯种植区划为三大区：北方春夏薯区（占40%），长江中下游流域夏薯区（占40%），南方薯区（占20%）。

我国甘薯在平原、坝区、丘陵、山地、沙地、滩涂、盐碱地皆有种植；其种植分布的土壤主要为沙土、沙壤土、沙石土、壤土、黏土等，其中北方薯区的种植土壤以偏沙性的多些，长江流域和南方薯区的种植土壤以偏黏性的多些。因此我国甘薯具有种植区域广、生长跨度大、分布地形复杂、种植土壤多样的特点，从而形成了甘薯品种、栽培制度、消费形式的多样性和复杂性，也造成甘薯收获机械研发、生产、使用的复杂多样性。

1.2.3 种植栽培模式繁杂多样

我国各薯区的种植制度不尽相同，形式多样。北方春夏薯区的春薯区一年一熟，常与玉米、大豆、马铃薯等轮作；春夏薯区以二年三熟为主，其春薯在冬闲地栽，夏薯在麦类、豌豆、油菜等冬季作物收获后栽插。长江流域夏薯区甘薯多分布在丘陵山地，夏薯在麦类、豆类收获后栽插，以一年二熟最为普遍。南方薯区的甘薯与水稻轮作，早稻、秋薯一年二熟占一定比例；旱地二年四熟制中，夏、秋薯各占一熟。

甘薯栽培模式繁多。净作、套种、间作长期存在，在不同地区甘薯分别与烟叶、玉米、芝麻等作物间作，与麦、烟、玉米等套种，但净作占有的份额逐年提升。覆膜与不覆膜皆有，但以不覆膜为主，覆膜种植主要集中在山东、山西、陕西、新疆等省（自治区）干旱、前期温度较低的部分地区。甘薯垄作、平作皆有，但以垄作为主，垄高在250～350mm，种植规格有小垄单行、大垄单行、大垄双行等，垄距尺寸多样。繁杂的种植栽培模式给收获机械化提出了更高要求。

1.3 甘薯田间生产机械类型

甘薯是劳动密集型根茎类作物，田间生产过程主要有：排种、剪苗、耕整、起垄、移栽浇水、田间管理（中耕、灌溉、施肥、植保等）、收获（除蔓、挖掘、捡拾、收集）等环节，起垄种植、去除伏地长藤蔓、破土深挖肉嫩易伤是其重要特点，根据不同环节的农艺要求和重要性差别可采用不同的生产机械，其中耕整地、施肥灌溉植保田间管理等可多选通用型农业机械，而其他环节则需针对甘薯特点采用改进机具或专用机型。目前国内除排种机械尚未使用，其余各环节通过研发或集成都已基本有相应的作业机械，有些已在生产中推广应用，有些已开始试验示范。

甘薯田间生产机械按照与驱动动力的连接方式可分为悬挂式、牵引式、自走式；根据配套动力大小可分为微型、小型、中型、大型；根据一次性作业垄数可分为单垄型、双垄型、多垄型；根据作业功能实现程度可分为单一功能型和复式作业型。

甘薯田间生产各环节用工量差异较大，除蔓收获环节用工最多，约占42%，而且劳动强度也非常大，故其对应机具的需求也非常迫切。

2 甘薯碎蔓收获机械研究现状

甘薯收获主要分去除藤蔓和薯块挖掘捡拾收获两大环节，目前国内的藤蔓去除以藤蔓粉碎还田作业形式为主。

2.1 甘薯碎蔓收获机械现状、问题及制约因素

2.1.1 甘薯机械化碎蔓收获现状及问题

长期以来我国甘薯碎蔓收获机械的研发滞后于实际生产需求，不仅落后于发达国家，而且落后于国内的马铃薯、花生等根茎类作物，机具专用化、高效化、系列化程度较低，作业质量不高等问题突出。目前国内甘薯碎蔓收获机械使用率依然很低（平原地区只在30%左右），仍以人工作业为主。

目前生产上使用的甘薯藤蔓粉碎机械多是在马铃薯杀秧机和稻麦秸秆粉碎还田机基础上改装而来的，以一次一垄、一次两垄作业方式为主，配套动力以20～35马力（1马力约为735W）和50～100马力悬挂式作业为主，小型步行自走式还极少应用。这些机具对甘薯垄的适应性较差，对甘薯的伏地长蔓、垄沟中的长蔓一直无法有效解决，作业时易缠绕阻塞刀辊、藤蔓粉碎率低、垄顶留茬长、伤薯率高、垄沟残蔓多、垄沟需二次清理、作业组件磨损快、机具使用寿命短等问题十分突出。因藤蔓处理不干净，对后续挖掘收获作

业产生了严重缠绕、阻塞，而且含杂率也高，对后续作业负面影响大。

目前生产上使用的甘薯挖掘收获机大多采用花生、马铃薯等作物的分段收获机或挖掘犁，在壤土、黏土地区以挖掘收获犁为主，沙壤土区以升运链式收获机为主，配套动力以20～35马力和75～100马力为主。这些收获机在甘薯收获作业时存在着挖深较浅、缠绕严重、壅土阻塞、作业顺畅性差、伤薯率高、功耗大、设备寿命短和辅助人工过多等缺点。

碎蔓收获机械的落后已成为制约我国甘薯生产机械化发展的主要技术瓶颈，制约了甘薯规模化生产和种植积极性的提升。

2.1.2 甘薯碎蔓收获机械发展制约因素

积极探索制约甘薯碎蔓收获技术发展因素，寻求相应解决方法，对推动甘薯生产机械化发展具有重要现实意义。

（1）长期历史欠账造成甘薯作业机具研发生产滞后。长期以来，各级政府及农机科研机构重点关注的是稻麦、玉米、油菜等主要粮油作物的生产问题，政策制定、立项支持和平台建设都给予了倾斜，且“先平原、后山区”，致使在丘陵薄地占有较大种植比例的甘薯行业缺少必要的专业研发队伍、研究平台、生产企业和资金支持，造成生产机械化发展缓慢。近年，随着主要粮油作物生产机械化的逐步解决，甘薯等作物生产机械化，尤其是收获机械化已逐步成为政府和科研机构关注的热点问题，为后续发展提供了契机。

（2）甘薯自身性状特征及生产特点造成机械化收获难度大。

①甘薯藤蔓生长茂盛，且匍匐伏地生长、缠绕严重。甘薯藤蔓通常长到1.5～2.5m，有的长到7m，每亩藤蔓产量多达2 000kg，且相互缠绕，不宜分离。机械采收、切割粉碎量较大，尤其是垄沟起伏不定、形状复杂，难以切除干净，垄沟碎秧铺放堆积多，易阻挡

或悬挂在收获机前端两侧辐板上，既缠碎蔓机械，也缠后续的收获机械，大大增加了机具的前行阻力。

②甘薯薯块体形大、分量重、埋土深、结薯范围宽。甘薯因品种、土壤和栽培条件不同而分为纺锤形、圆筒形、球形和块形等，单个平均重量超过250g，生长深度为20～28cm，结薯范围达25～35cm。机械化挖掘收获时土、薯分离量很大，据Hechelmann研究发现，马铃薯（与甘薯垄塌后的生长情形类似）挖深从12cm增至14cm时，过筛分离的土壤将从65t/亩增至83t/亩。因分离的土壤多，故作业时易造成土壤埋薯增加，机具作业的明薯率相对较低；机具的前行挖掘、分离负荷过大，易造成链杆、齿轮、轴承等运动件磨损严重，且机具配套动力要求大、零部件材质要求高，造成机具相对其他作物同类产品的生产要求高、价格高。

③甘薯皮薄肉嫩易蹭伤。对鲜薯、种薯的贮藏和鲜薯出口不利，故而对收获机具的输送、分离等工作部件的振频、振幅、速度等参数研究和材质选择提出了更高要求，特别是黏土地区，土块与薯块的碰擦都会造成薯块表面的损伤。

④甘薯垄易塌陷、垄距不规则，给仿形碎蔓、挖掘收获带来难度。甘薯以垄作为主，如黄淮地区，一般小垄宽在60～85cm，垄高为30cm。由于风吹日晒雨淋，薯垄在后期塌陷较严重，且塌陷的程度不一致，后期一般的垄高仅为15～20cm，且有一定起伏，致使仿形过程中碎蔓割刀的高度不宜控制，要不秧蔓留得过长，要不切得过短、割刀易入土，造成振动大、易伤薯、易伤刀，甚至损伤机具。由于垄距的一致性差，碎蔓、挖掘时易偏移，作业效果差，易伤薯。

（3）种植区域土壤地形条件复杂，机具适应性差。甘薯在平原、丘陵、山地皆有种植，其种植土壤主要为沙土、沙壤土、沙石土、壤土、黏土，一种机具难以适应多种不同土壤的作业；此外，甘薯种植田块大小不一，尤其是丘陵山区道路崎岖、田块细碎，中大型机具难以适应多地区作业。因此，只能依据不同地区土壤类型、田块大小等特点开发相应的机具（材质、结构、动力皆有区别），造成了机具规格繁、型号多、批量小、制造成本高、服务半径大、售后服务成本高，严重制约机具的推广应用，并制约生产企业积极性提高和企业产能扩大。

此外，土壤墒情对挖掘收获的影响也至关重要。对于壤土、黏土而言，湿度过大会引起堵塞筛面、薯土分离不开、机具负荷增大等问题；湿度过小则挖掘阻力增大、薯土难分离开、筛面负荷增大，大大制约了机具作业的适应性，故而应选择合适的墒情收获。

（4）种植农艺不规范制约碎蔓收获技术发展。甘薯垄和种植栽插规格较多，有大垄单行、小垄单行、大垄双行等，垄宽在60～100cm（以75～85cm的垄宽居多），垄高为25～33cm。各种植区的垄形、垄宽差距较大，与国内现有的拖拉机动力轮距难以匹配，致使配套机具与动力难以选择。作业幅宽大的机具，所需配套动力大，而动力大的拖拉机轮距大，易压垄伤薯；动力小的拖拉机，抗超载荷能力弱，在土质偏黏或挖掘深度较深的情况下，动力不足，难以拖动，影响作业顺畅性和拖拉机寿命。此外，各地选育的种植品种较多，不少粉用甘薯个头大、生长深，大大增加了挖掘收获负荷，并使破损率上升，与之相适应的配套动力就更难选择。

（5）专业生产制造企业短缺且企业母体偏小。我国薯类、花生等根茎类生产机具的制造企业多为中小型企业，大型制造企业较少，甘薯亦不例外，其机具生产企业母体偏小，特别缺少上规模的大中型企业，大多原为马铃薯、花生的设备生产厂，缺少必要的创新能力、制造手段、生产资金、辐射能力和社会影响力。

（6）适宜推广的机械产品形式较杂且配套性不强。目前，国内甘薯碎蔓收获机具生产企业虽有几十家，产品形式型号也多达数十种，但由于结构设计、制造工艺、选材用材等因素，造成机具性能、成熟度、适应性还存在较大差异，耕种管收主要作业环节的配套性能还不强，不利于全程机械化作业，适宜较大范围推广的机具还不多。

2.2 甘薯碎蔓机械研究现状及发展趋势

2.2.1 甘薯机械除蔓主要模式

甘薯是一种蔓生型垄作种植作物，种植垄高一般在25～33cm，其藤蔓通常能长到1.5～2.5m，有些品种的藤蔓甚至能达到7m。甘薯藤蔓在垄和垄之间交错缠绕，贴地生长，不易分离，其产量一般在30t/hm^{2}以上，产量大。传统生产中，甘薯收获前藤蔓需人工割除，然后人工或拖拉机运出田外，其劳动强度大且效率低，成本高，严重影响甘薯种植的效益。

根据甘薯生产种植模式、藤蔓用途和生产经济性等因素，不同国家、地区针对藤蔓去除机械取出形式因地制宜地采用了相应的模式，目前国内外机械去除甘薯藤蔓作业模式主要有3种：机械直接挑蔓切藤粉碎还田模式；连藤带薯直接收，过程中薯藤强制分离、不粉碎抛蔓还田模式；整蔓机械采收粉碎收集后饲料化处理模式。

2.2.2 发达国家除蔓机械技术现状

发达国家甘薯藤蔓去除机械研发起步较早，目前发展较为成熟，美国、加拿大、英国等国的甘薯去除蔓机械主要有2种，一种是大型多行甘薯藤蔓粉碎还田机（图2.1），配套200马力左右拖拉机；一种是采用大型联合收获机连藤带薯直接收获，不割蔓，直接用联合收获机作业，该机可一次完成挖掘、输送、薯蔓强制分离、清理、集薯、抛蔓还田作业，该机所需动力大、农机农艺配合紧密，适合薯蔓较短的品种或生长期、蔓长较短的品种，目前我国还无法采用该模式，如英国STANDEN公司的TSP1900大型牵引式甘薯联合收获装备、美国LOCKWOOD公司674型直收式联合收获机。

图2.1　美国的甘薯藤蔓粉碎还田机

日本藤蔓去除采用2种模式，一种是藤蔓直接粉碎还田，采用单行悬挂式小型碎蔓机或小型步行式碎蔓机作业，其小型碎蔓技术对我国具有一定的借鉴意义；另一种是藤蔓采收打包饲化处理模式，目前在日本鹿儿岛地区有一种薯蔓采收粉碎饲化处理一体机（图2.2），采用联合收获机底盘，割台将整蔓采收，经过切碎后装箱收集，最后进行覆膜打包发酵贮存作饲料，其为规模种养一体化养殖区域甘薯藤蔓去向提供了较好的出路，但因处理工艺较复杂、工序多，存在作业经济性差、适应性不高等问题，难以大面积推广。

图2.2　日本的甘薯藤蔓采收粉碎饲化处理一体机

2.2.3　我国碎蔓机械技术现状及发展方向

（1）我国甘薯碎蔓机械技术发展现状。由于甘薯是消耗地力较大的作物，有“拔地精”之称，其吸收的氮、磷等营养成分多积累在藤蔓中，如将藤蔓粉碎还田，可起到培养地力、改善土壤结构的作用，而且无须将藤蔓移至田外，经济实用。故而研发相应的中小型甘薯碎蔓还田机成为适合我国国情首选的除蔓技术。

我国甘薯藤蔓粉碎去除技术发展较为滞后，近些年研发的甘薯藤蔓处理机械多是在马铃薯杀秧机和稻麦秸秆粉碎还田机的基础上改进研发而来的。主要有：郑州山河开发的4UJH型甘薯碎蔓机；连云港元天研发的大垄双行碎蔓机；农业农村部南京农业机械化研究所研发的1JHSM-900型悬挂式薯蔓粉碎还田机、小型步行藤蔓粉碎还田机等，一般悬挂在拖拉机后作业，少数采用自走动力，适合在平原坝区和缓坡地规模化种植地区作业。

（2）我国甘薯碎蔓机械技术发展方向。由于薯蔓营养丰富，也可作动物饲料，因而市场对整蔓收集处理技术和设备也有一定的需求，如日本鹿儿岛地区研发使用了甘薯藤蔓采收、粉碎、收集联合作业机，卸料后进行打包覆膜发酵处理，然后作为动物饲料用，其为规模养殖区域甘薯藤蔓去向提供了较好的出路，但该款技术装备结构较复杂、设备成本高、处理工艺流程多，性价比不高，目前还不适合我国国情，因而在我国发展进程较缓慢，尚无相应的作业设备。综上所述，当前国内甘薯藤蔓去除还是以切蔓粉碎还田模式为主，但由于市场有一定需求，整蔓收集饲用技术研发将是除蔓技术的研究方向之一。

随着土地流转、农田基本改造的不断推进，应提升完善现有除蔓作业技术，加大适宜平原地区作业的中大型碎蔓机械研发力度，加快丘陵薄地用的小型碎蔓机械研发；并应加强除蔓与挖掘、清选、集薯等作业为一体的联合收获技术及装备研发力度，提高生产效率。

此外，近年极端天气频发，甘薯生长期遭遇干旱，收获期又常遇多雨，严重影响甘薯收获机械效能的发挥，应考虑加大适宜高含水率土壤作业的小型轻量碎蔓作业机具的研发，减轻收获作业用工负担。

2.3 甘薯收获机械研究现状及发展趋势

2.3.1 甘薯机械收获模式及主要特点

甘薯机械收获主要分为一次性联合收获和分段收获2种模式，其中分段收获模式又包含了一种两段式收获法，也称为两段式联合收获法。一次性联合收获是指由一台机器在田间一次完成除蔓、挖掘、清土、清选、集薯（吨袋、集装箱或配套运输车）等全部作业的收获方法。分段收获是指由多种机械分别完成除蔓、挖掘、清土、捡拾、清选、集薯等作业的方法，包括碎蔓机、挖掘犁、收获机、捡拾机等，其中两段式收获法，即指由除蔓机和挖掘捡拾联合作业机分别完成除蔓和挖掘清选集薯（吨袋、集装箱或配套运输车）作业的方法，该法在欧美、日本及我国都有应用。

一次性联合收获作业集成度和效率都高，利于减轻劳动强度和抢农时，具有省时、省工、省力等优点。但一次性联合收获也存在着结构复杂、设备制造成本高、种植规模集约化程度要求高等缺陷。目前，美国、英国、加拿大使用了大型的一次性联合作业机，适合大田块集约化种植作业，一次收两垄或四垄，种植品种藤蔓较短，薯及藤一起收，在作业过程中将薯藤强制分离，无须专门的除蔓作业，并配套装载运薯车作业；而我国台湾省的一次性联合收获装备相对小巧，一次收一垄，前端加有藤蔓粉碎还田机构，后端实现挖掘收获作业，因适应性不高，目前在市场上没有应用。当前我国大陆的一次性甘薯联合收获尚无研发和应用。随着农村劳动力转移的加速和人工作业成本的不断攀升、规模种植的逐步扩大，一次性联合收获将是甘薯机械化收获的发展方向之一。

分段收获使用的设备结构相对简单，造价较低，维护保养方便，对地形的适应能力强，非常适合中小田块种植，是亚非国家使用最广的一种模式。但整个收获过程使用的设备较多，需大量人力配合，生产效率相对较低，收获损失也较高；此外，由于机具多次下田行走，机器对土壤破坏和压实程度增加，油耗也增多，不利于争抢农时。而其中的两段式收获法因具有下地次数不多、节约人工、设备复杂程度相对联合收获低等优势，在较大面积集中成片种植区具有较强的市场需求。

2.3.2 发达国家挖掘收获机械技术现状

国外甘薯生产国中，美、英、日等国甘薯收获技术最为先进，并代表着不同作业模式，而尼日利亚、越南等国收获技术较为原始。总体来看，美、日等国甘薯机械化收获技术经过多年发展，已较为成熟，已有的机型更新不快，只是一些作业质量监控、智能传感、智能导航、自动辅助驾驶等技术不断应用于甘薯收获机械上，提升作业舒适性、提高作业质量，技术进步的力度在不断加大。

（1）美国农机农艺结合程度高，甘薯机械研发起步早，已形成了排种到收获（分段收获机、两段式联合收获、一次性联合收获机）

的系列化产品，已实现了全程机械化，且各环节磨合已非常顺畅，尤其是短蔓品种可直接一次性收获。如美国的STRICKLAND公司、LOCKWOOD公司以及英国STANDEN公司，他们既生产性能先进的甘薯联合收获机，也生产分段收获机、收获犁，既有先除蔓再收获的，也有带蔓一次收获的，但有一点，美国的甘薯种植区域土壤沙性都较好，故而收获挖掘、薯土分离难度较小，且其多采用大规模集约化种植，所以其采用的都是一次两垄或四垄的宽幅收获机械，机具较长，调头转弯半径在十几米以上，以大型化为主。较具代表性的如下。

英国STANDEN公司生产的TSP1900大型牵引式甘薯联合收获装备（图2.3），是一款两段式联合收获模式，先用除蔓机碎蔓还田，然后由大马力拖拉机牵引，一次收两垄，可完成挖掘、输送、清土、去残杂、清选、输送集薯，并将薯块输送给与之配套同行装载车，自动化控制程度高，作业效率高。美国LOCKWOOD生产的674 big sweet型大型牵引式甘薯联合收获装备，如图2.4所示，是一款一次性联合收获模式，带蔓一起收获，然后由大马力拖拉机牵引，一次收四垄，可完成挖掘、输送、薯蔓分离、清选、自动集薯装箱，农机农艺配套程度高，作业质量监控，自动化控制程度高，作业效率高。

图2.3　STANDEN公司的TSP1900甘薯联合收获机

图2.4　LOCKWOOD公司生产的甘薯联合收获机

（2）日本因其土壤疏松（火山灰土）、田块面积不大，其机械化收获技术以分段收获和两段式联合收获为主，两段式联合作业机械中以中小型自走式联合收获机为主。如小桥株式会社HP61S型挖掘、清土、分拣小型较简易的联合作业机，从1995年就推向市场使用；松山株式会社从2006年就研发出GH和TP系列联合收获机（图2.5），可一次完成挖掘、清土、去残秧、分拣、收集等作业，并推向市场，经过数轮改进，技术已较成熟，并销售到我国台湾地区。日本的机型较小，其作业模式对我国黄淮海沙壤土区具有借鉴意义，但其适宜疏松土壤作业的动力系统较小，在我国是不适应的。

图2.5　松山株式会社生产的TP系列甘薯联合收获机

2.3.3 我国挖掘收获机械技术现状及发展方向

我国甘薯收获机械化经过发展，已取得一定成绩，部分环节机具实现了从无到有发展，但距从有到好、从有到全还有较大距离，市场对专用、高效、高速、稳定性好的收获装备需求迫切，但依然缺少联合收获、种薯苗剪收、菜用薯尖采收、薯蔓采收饲料化利用等机具装备，联合收获等技术虽有较大突破，但尚处研究阶段，还不成熟。

（1）我国大陆地区挖掘收获机械技术现状。

①目前我国大陆地区市场仍以分段收获为主，市场仍以中小型链杆分段收获机（沙壤区）、挖掘收获犁（黏土区）为主，采用的是半机械化分段收获模式，即用除蔓机切蔓粉碎还田，再用挖掘收获机将薯块翻到地面，并清理表面泥土，然后由人工进行捡拾装袋，是一种“机械碎蔓+机械挖掘+人工捡拾”或“人工除蔓+机械挖掘+人工捡拾”的形式。采用机械完成劳动强度最大的除蔓和挖掘作业，每亩可节约用工40%左右，一定程度上减少了用工、减轻了劳动强度，较适合当前经济发展，有较好的推广前景。但收获作业质量差、辅助用工量较多、设备可靠性不高等问题也较突出，制约着分段收获机械的使用和推广。

②收获机械发展不平衡问题非常突出。由于种植规模、田块面积、土壤条件等制约，国内甘薯机械作业环节发展不平衡、区域发展不平衡、用户使用不平衡等问题非常突出，北方沙壤土区分段收获、挖掘犁应用较多，长江流域薯区、南方薯区可用的收获机具还非常少，国内距离全程全面机械化推广应用仍有较大距离。

③已研制出填补国内技术空白的自走式甘薯联合收获样机。该机可一次完成挖掘、输送、清土、去残蔓、选别、集薯作业，该机仍需先用其他方法去除藤蔓再作业，属于典型的两段式联合作业模

式。目前样机农机农艺结合，在多地开展了多工况田间收获试验，将进一步提升设备使用率和成熟度。

④创制出多用途的自走式甘薯苗茎尖采收机。为破解国内甘薯种苗规模繁育供应及菜用薯尖采收需耗用大量人力问题，开展了种植品种、垄距、密度、采收时间等农艺技术研究，研发了适宜温室大棚作业的机械行走结构、底盘、环保动力系统、切割输送装置等，开展了自走式甘薯苗茎尖采收机样机试制与试验，并在鸡毛菜、空心菜、芹菜、茼蒿等叶类蔬菜上使用。

⑤复式收获机已开始研究或试验。为提高生产效率，国内开展了一次两垄碎蔓挖掘收获复式作业机的研发，该机可一次完成碎蔓、挖掘收获作业，可根据不同需求进行功能拆分，可分别实现碎蔓还田，亦可实现挖掘收获，尤其适合黏重土壤区作业。另外，山东、福建等地科研单位也开展了甘薯除秧挖薯一体机的研发和专利申报，但市场还未见其试验样机。

总体来看，我国的甘薯生产机械化虽然有较大发展，但无论是机具种类、性能、参与企业都还不能与发达国家比，或是与国内大宗粮食作物比，其研发与推广仍然任重而道远。

（2）我国挖掘收获机械发展方向。随着土地流转、农田基本改造的不断推进和农村劳动力的快速转移，逐步为国内甘薯的集约化、规模化生产和机械化作业收获创造了条件。因此，提升完善现有分段收获作业技术，加大适宜平原地区作业的中大型挖掘收获机的研发力度，并重视丘陵地区收获机械的发展，研发丘陵薄地用的小型挖掘收获机和适宜黏重土壤作业的挖掘犁，满足现阶段或今后较长一段时间的生产需求；加快分段收获中的两段式收获工艺研究，逐步开展与割蔓机组合，开发可一次完成挖掘、起薯、去土、清选、集薯等作业的分段式联合收获技术及装备，并拓展其收获洋葱、马铃薯功能，实现一机多用，降低设备使用成本；在借鉴国际先进技术基础上，消化吸收，跟踪开展可一次完成除蔓、起薯、去土、清选、集薯等作业功能的联合收获技术装备研发。基于国情，上述技术研发中优先发展完善分段作业技术，其次研发丘陵山地作业机械，联合收获作业及其智能控制技术作为高端技术发展应加大研究力度。

（3）我国台湾地区农业试验所从1995年开始立项，2000年左右研发一款淀粉用甘薯收获的甘薯联合收获机，如图2.6所示，属于一次性联合作业模式，可一次完成碎蔓、挖掘、输送、清土、分拣、装袋等作业，单垄收获，由于机具造价较高，加之台湾地区甘薯种植面积萎缩，该机示范推广一段时间后，企业就终止了生产。

图2.6 我国台湾生产的甘薯联合收获机

3 收获期甘薯藤蔓机械特性研究

甘薯是高垄种植蔓生型作物，种植垄高一般在25cm左右，其藤蔓产量高（30t/hm^{2}以上），藤粗且长（长的可达7m），贴地生长，交错缠绕，不易分开。因此甘薯挖掘收获前必须割除藤蔓，否则后续挖掘收获无法开展，但人工割蔓存在劳动强度大、耗工多、藤蔓清运难等问题。目前，美、日、加等国甘薯藤蔓机械去除以直接粉碎还田为主、以打碎或整蔓收集运走后饲化处理为辅。而中国由于甘薯种植较分散，机械采收后运输和饲化处理成本非常高，市场难接受，因此当前主要还是采用机械粉碎直接还田形式，但机械碎蔓存在的薯蔓粉碎率低、垄顶残留多等问题十分突出，长的碎秆残茬给后续薯块收获机械带来了缠堵、负荷大、作业顺畅性差等系列问题。

甘薯薯块无明显的成熟期限，一般按生产经验确定收获时间，而收获期间甘薯藤蔓机械特性是影响甘薯藤蔓粉碎还田设备薯蔓粉碎长度合格率、垄顶留茬长度等主要作业指标及其结构设计的重要因素，因此开展收获阶段甘薯藤蔓机械特性研究对相关结构设计、作业参数选择及最佳收获期确定等具有重要意义。

3.1 试验材料

以鲜食型紫甘薯中具有代表性的品种宁紫1号、宁紫2号为试验对象，样本取自江苏省农业科学院南京甘薯种植基地。该基地的甘薯种植土壤偏黏，6月初栽，11月上中旬收获，一年一季种植，种植模式为单垄单行种植，机械起垄，垄距为90cm，株距为22cm。

甘薯薯块无明显的成熟期，按生产经验，一般在霜降来临前、日平均气温15℃左右开始收获为宜（避免因温度高而发芽、温度低而冻伤），常年经验收获薯块时间是从11月12日开始的。为使研究更充分，同时也便于寻找最宜的藤蔓粉碎期，所以本次试验材料取样时间从11月6日开始，截至11月24日，每隔2d采一次样，共采样10批次，采样期间甘薯藤蔓植株仍处于生长状态（图3.1）。采集的宁紫1号藤蔓长度一般在150～250cm，藤蔓直径在0.51～0.92cm；采集的宁紫2号的藤蔓长度一般在100～200cm，其藤蔓直径在0.62～0.95cm。

1—枝叶；2—茎秆。

图3.1 田间的甘薯藤蔓

3.2 试验仪器

试验所用仪器设备主要有济南川佰仪器设备有限公司生产的WDW-10型电子万能试验机，南京实验仪器厂的DGF30/7-IA型电热鼓风干燥箱，农业农村部南京农业机械化研究所研发的1JHSM-900型悬挂式甘薯藤蔓粉碎还田试验机、天平、卷尺、电子游标卡尺等。

其中1JHSM-900型悬挂式薯蔓粉碎还田机（图3.2）与黄海金马254A型窄轮距拖拉机配套，该机为卧式逆向型粉碎机，刀辊空载额定转速为2 000r/min，配40把直型粉碎切刀，适宜作业垄距为90cm左右。作业时拖拉机牵引粉碎机沿甘薯种植垄方向前进，由拖拉机后动力驱动碎蔓刀辊逆向旋转，铰接在刀辊上高速旋转的自由态直型甩切刀将距地面一定高度（高度可调）的藤蔓冲击切断，并送入粉碎室内进行二次粉碎，粉碎后的藤蔓从机具后端抛出撒于地面，完成作业。

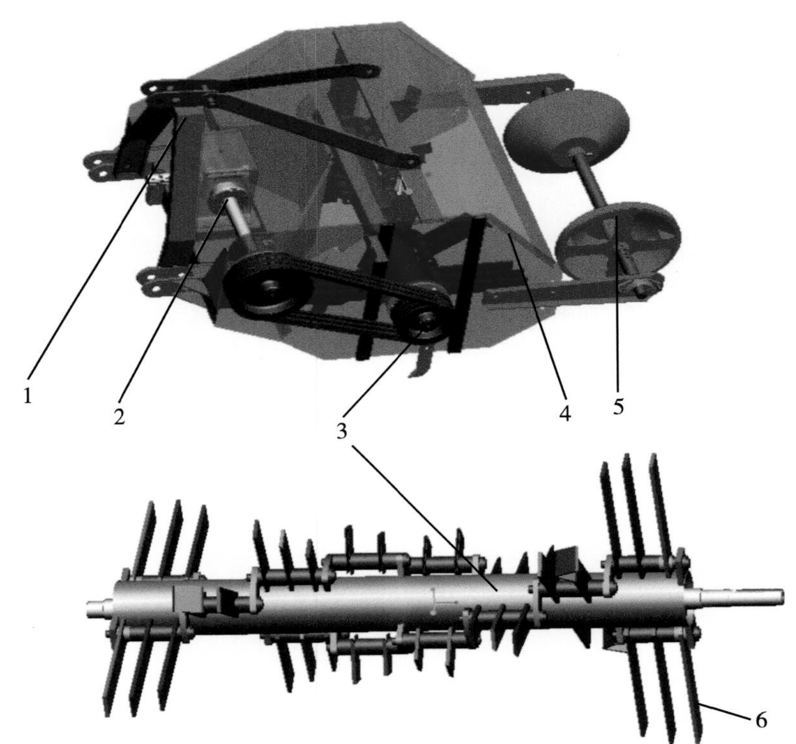

1—悬挂机构；2—传动系统；3—碎蔓刀辊；4—粉碎室；5—限深机构；6—切刀。

图3.2 甘薯藤蔓粉碎还田试验机

3.3 试验方法与步骤

3.3.1 甘薯藤蔓含水率测定

甘薯收获期藤蔓去除是在正常生长状态下被直接粉碎还田，所以甘薯藤蔓的机械特性测定是在鲜秧状态进行的。

每次在田间随机剪取宁紫1号、宁紫2号的藤蔓各5根，从距离地面5cm的根管处剪断。在实验室里去除枝、叶和嫩尖，然后根据南京实验仪器厂的DGF30/7-IA型电热鼓风干燥箱水分测定使用要求，将供试藤蔓进行剪碎处理，然后放入干燥箱内烘干，用105℃干燥至恒质量，然后测定含水率，每个品种测试重复5次，最后取算数平均值。

3.3.2 甘薯藤蔓剪切强度测定

甘薯藤蔓是连接薯块和枝叶的主干部分，是输送营养的主要通道，连接薯块端部的根管段最粗且坚韧，而茎尖等其他段相对细而柔软，因此藤蔓被切刀切断时最大阻力来自根管段。甘薯藤蔓粉碎还田机械作业时，利用铰接的自由态直型甩切刀以较高的线速度（直刀端的线速度为36～72m/s）将藤蔓冲击切断，断后的藤蔓随气流进入粉碎室打击、碰撞，二次粉碎，藤蔓所受的机械力主要表现为剪切力，而受到的拉力或滑切非常有限，因此本试验主要测试藤蔓的剪切强度。

根据以前试验结果和分析，可以确定甘薯藤蔓的最大剪切力发生在根管端，因此以藤蔓的根管端为试验对象，将开始剪断时的最小剪切力即视为剪切强度，在测试含水率的同时，借助电子万能试验机，进行剪切强度的试验。

藤蔓剪切试验在WDW-10型微控电子式万能试验机上进行，试验机精度级别为1级、力值精度0.5%、位移精度0.1%。试验时将甘薯藤蔓按图3.3（a）所示固定好后，进入试验程序控制界面［图3.3（b）］，在方法界面中选定试验控制参数进行设置。本试验中选定加载速度20mm/min、上限载荷300N、上限下降载荷5N。在测试界面中依次点击载荷调零、重设标距、开始、完成键。每组试验在相同工况下重复10次，最后取平均值。

a. 藤蔓剪切试验　　b. 剪切试验控制界面

图3.3　藤蔓剪切强度试验

3.3.3　甘薯藤蔓粉碎还田机作业测试

为进一步研究验证不同品种藤蔓机械特性对机械碎蔓作业的影响，采用了1JHSM-900型悬挂式薯蔓粉碎还田机分别对2个品种开展田间作业测试（图3.4），主要对藤蔓粉碎长度合格率、垄顶留茬长度指标进行测试，每2d测试一次，每组实验数据取平均值，共测试了5批次。

图3.4 甘薯藤蔓粉碎还田机田间试验及作业效果

3.4 结果与分析

3.4.1 甘薯藤蔓含水率变化规律

根据试验结果可知，2个品种甘薯藤蔓初始采样在11月6日时的含水率分别为86.92%和84.05%，在11月24日时含水率分别为72.12%和70.08%，18d内藤蔓含水率分别下降了14.8%和13.97%，呈现出距经验收获期越近或超过经验收获期（即生长时间越长）植株含水率越低的规律[含水率随时间变化见图3.5（a）]，且前期降得慢，后期降得快些。经验收获期开始时11月12日的宁紫1号含水率为81.5%，宁紫2号含水率为78.1%。

甘薯生长中期（7—9月）因块根膨大，需要的土壤湿度较大，而该月份也是雨水较为充沛时期，到后期（10—11月）天气较干燥，土壤含水率相对较低（田间持水量为70%），加之叶面蒸腾作用也大，植株也逐渐老化枯萎，故而越临近收获期或超过收获期，藤蔓的含水率越低。

3.4.2 甘薯藤蔓机械特性的变化规律

根据试验结果可知，2个品种甘薯藤蔓初始采样在11月6日时的剪切力分别为79.4N和86.1N，在11月24日时剪切力分别为115.7N和123.6N，18d内藤蔓剪切力分别增加了36.3N和37.5N，呈现出距经验收获期越近或超过经验收获期（即生长时间越长）植株的剪切力越高的规律［剪切力随时间变化见图3.5（b）］。且前期增加得慢些，后期增加得快些。经验收获期开始时11月12日的宁紫1号剪切力为90.1N，宁紫2号剪切力为94.8N。

随着生长期的增长，甘薯藤蔓中的干物质积累越来越多，相应的植株纤维化程度越来越高，使藤蔓的韧性、强度不断增大，故而其剪切强度也呈增强趋势。

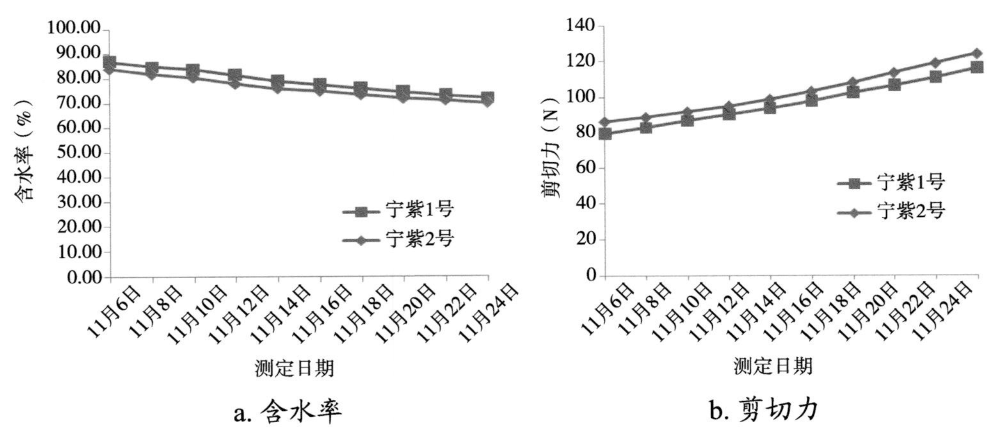

a. 含水率　　b. 剪切力

图3.5　藤蔓含水率、剪切力随时间变化

3.4.3 甘薯藤蔓含水率与机械特性的关系

藤蔓植株生长时间对藤蔓剪切力的影响实质上是藤蔓含水率变化的影响。从图3.5可以看出，随着生长期的增长，甘薯藤蔓的含水率呈下降趋势，而由于水分的减少、干物质的增多，藤蔓韧性不断增强，其剪切力呈增加趋势。因此，为进一步反映藤蔓剪切强度变化的直接因素及其变化规律，以宁紫1号、宁紫2号为对象，将甘薯藤蔓植株生长时间因素转换成含水率，通过Matlab软件分别拟合出藤蔓剪切力与含水率之间的函数关系式：

$$F_1 = 0.069\,592X_1 - 13.353X_1 + 715.17 \tag{3.1}$$

$$F_2 = 0.163\,43X_2^{\;2} - 27.74X_2 + 1\,264 \tag{3.2}$$

式中，F_1为宁紫1号的藤蔓剪切力，N；X_1为宁紫1号的藤蔓含水率，%（其变化区间为86.92%～72.12%）；F_2为宁紫2号的藤蔓剪切力，N；X_2为宁紫2号的藤蔓含水率，%（其变化区间为84.05%～70.08%）。

由式（3.1）和式（3.2）可知，甘薯藤蔓的剪切力与含水率之间的关系近似为二次函数，其中宁紫1号的拟合决定系数R^2为0.991，宁紫1号的拟合决定系数R^2为0.993，均达到0.99以上。

3.4.4 甘薯藤蔓机械特性对机械碎蔓作业指标的影响

采用1JHSM−900型悬挂式薯蔓粉碎还田机以相同的前行速度（0.83m/s）、刀辊空载转速（2 000r/min）、离地间隙（3.5cm）对2个品种进行机械碎蔓试验，反应其主要作业质量的藤蔓粉碎长度合格率、垄顶留茬长度2个技术指标与生长日期的关系如图3.6所示。

从图3.6中可见，从11月6日到11月24日，宁紫1号、宁紫2号的藤蔓粉碎长度合格率分别从96.5%降到了90.2%、从95.2%降到了88.5%，它们的垄顶留茬长度分别从3.7cm增加到了7.3cm、从3.8cm增加到了8.2cm，整机作业质量呈下降趋势。主要是因为随着生长期的增长，藤蔓剪切强度不断增加，机具碎蔓刀辊的作业负荷增加，刀辊转速下降，碎蔓切刀端的线速度也下降了，藤蔓在单位时间内被切断、撞击而粉碎的概率都在减小，长的断茎增多了，所以藤蔓粉碎长度合格率下降了；另外随着生长期的增长，根管处韧性不断增加，其剪切强度也快速增强，导致根管处藤蔓不易被切断，切刀会在远离根管处的稍柔嫩部位将其切断，所以导致垄顶留下的根管残茬越来越长了。

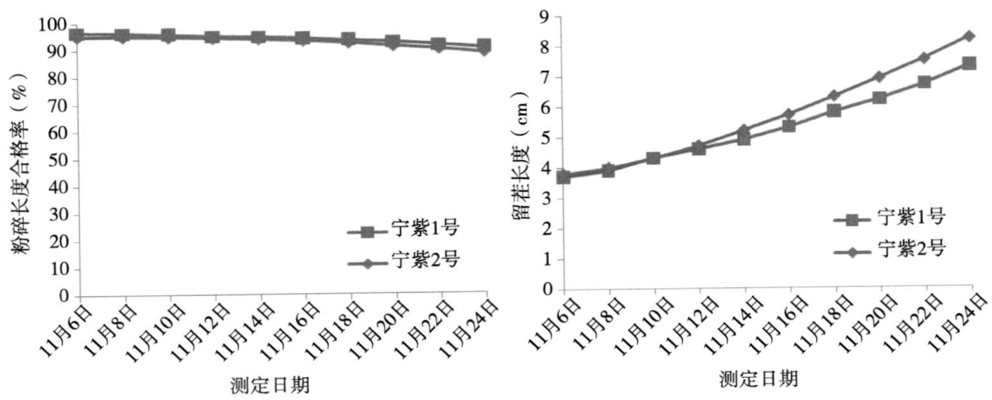

a. 不同时期碎蔓作业藤蔓粉碎长度合格率　b. 不同时期碎蔓作业垄顶留茬长度

图3.6　不同时期机械碎蔓作业质量主要技术指标的变化

3.4.5　甘薯藤蔓适宜机械去除粉碎时间的确定

通常生产上甘薯藤蔓何时割除或粉碎是以甘薯薯块适宜的挖掘收获时间来确定，极少考虑藤蔓的适收期，但机械碎蔓作业效果却对后续挖掘收获机的作业顺畅性、作业负荷、生产效率都有较大影响，因此，开展藤蔓适宜机械去除粉碎时间研究，对提高碎蔓机作业效果、节能增效以及提高后续收获机械作业性能均具积极意义，亦从另一角度为薯块适宜收获期选择提供参考。

按照碎蔓机生产制造企业的内控标准Q/320324 OPA04—2012中要求的藤蔓粉碎长度合格率应≥92%、垄顶留茬长度应≤6.5cm情况分析，宁紫1号最宜的机械碎蔓时间应为11月20日之前（其剪切力≤106.3N、藤蔓粉碎合格率≥92.5%、垄顶留茬长度≤6.2cm），宁紫

2号最宜的机械碎蔓时间应为11月18日之前（其剪切力≤107.9N、藤蔓粉碎合格率≥92.3%、垄顶留茬长度≤6.3cm），因此这2个品种的最宜碎蔓时间比常年生产经验确定的11月12日薯块收获开始时间可后推6～8d，收获期内的最宜机械碎蔓时间相对较短，超过最宜期后，机械碎蔓和机械收获薯块的整体作业质量将有所影响或下降。

3.5 研究结论

（1）2种典型食用型甘薯品种宁紫1号、宁紫2号藤蔓在经验收获期开始时，11月12日的含水率分别达到81.5%和78.1%，从11月6日至11月24日，18d内藤蔓含水率分别下降了14.8%和13.97%，表明在甘薯收获期，植株生长时间越长，其茎秆含水率越低。

（2）宁紫1号、宁紫2号藤蔓在经验收获期开始时，11月12日的剪切力分别达到90.1N和94.8N，从11月6日至11月24日，18d内藤蔓剪切力分别增加了36.3N和37.5N，表明在甘薯收获期，植株生长时间越长，其藤蔓剪切力越大。

（3）在所测试的含水率区间内（86.92%～72.12%和84.05%～70.08%），宁紫1号、宁紫2号藤蔓的剪切力与含水率之间的关系都近似为二次函数关系，其中拟合决定系数均达到0.99以上。

（4）以1JHSM-900型悬挂式薯蔓粉碎还田机为试验机，18d内宁紫1号、宁紫2号的藤蔓粉碎长度合格率分别下降了6.3%和6.7%，垄顶留茬长度分别增加了3.6cm和4.4cm，表明随着生长期的增长，茎秆剪切力不断增加，甘薯藤蔓粉碎还田机的作业质量呈下降趋势。

（5）从提高机械碎蔓、收获作业质量角度出发，明确了宁紫1号、宁紫2号收获期内最宜机械化碎蔓作业的时间为6～8d，时间相对较短。

4　1JSW-600型步行式薯蔓粉碎还田机研究设计

将甘薯藤蔓粉碎直接还田，既可培养地力、改善土壤结构，又无藤蔓移至田外诸多麻烦，经济实用，因此，研发甘薯碎蔓还田机械是目前我国首选的甘薯藤蔓去除技术途径。目前，国内研发较具代表的甘薯藤蔓粉碎还田机械主要有：手扶配套或自走动力的小型藤蔓粉碎还田机、与四轮拖拉机配套的悬挂式中大型甘薯碎蔓还田机。本章对我国小型薯蔓粉碎还田典型机型1JSW-600型步行式薯蔓粉碎还田机进行研究设计。

4.1　整体结构与工作原理

4.1.1　整机结构

1JSW-600型步行式薯蔓粉碎还田机如图4.1所示，主要由罩壳总成、仿形碎蔓刀辊及甩刀、导向轮调节机构、导向轮、传动系统、发动机、变速箱、操纵杆、机架、行走轮等组成，三维图如4.2所示。

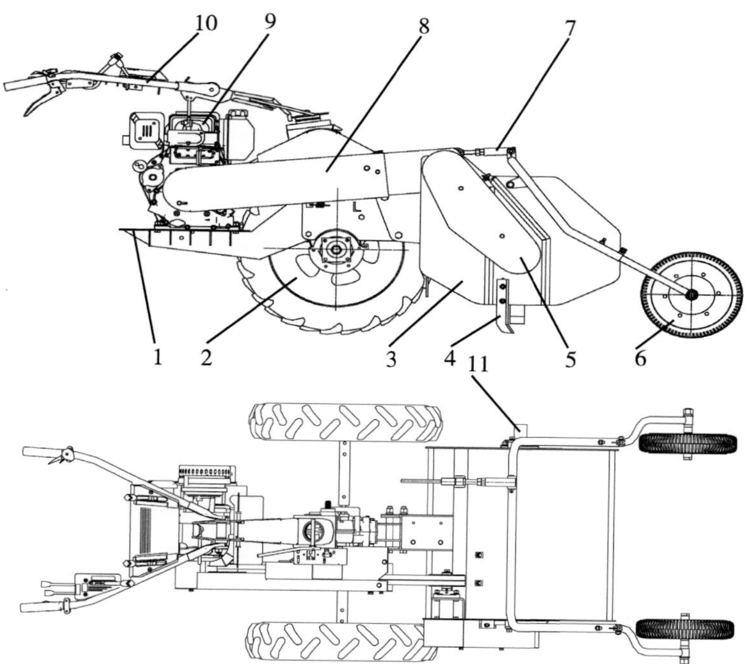

1—后机架；2—行走轮；3—罩壳总成；4—挑秧刀；5—传动装置；6—导向轮；7—导向轮调节机构；8—动力输出装置；9—发动机；10—操纵杆；11—碎蔓刀辊。

图4.1 1JSW-600型步行式薯蔓粉碎还田机结构示意图

图4.2 1JSW-600型步行式薯蔓粉碎还田机三维图

4.1.2 工作原理与技术参数

1JSW-600型步行式薯蔓粉碎还田机为自走式作业机械，在工作前，应根据种植垄宽和垄高调节甩刀尖距垄面高度，过高易造成留茬长、作业效果差，过低则易伤薯且增加动力消耗。作业时，双手扶操纵杆，调整导向轮角度，使机器沿着垄沟行走，发动机动力输出分为两路，一路驱动底盘行走系统自动前行，另一路驱动刀辊轴高速旋转，带动其上的自由态甩刀高速旋转，甩刀端部产生较大的线速度和打击力，将匍匐地面的薯蔓挑起后切断并送入由罩壳形成的粉碎室内多次打击切碎，碎秧蔓撒向地面，实现碎蔓还田作业。当一垄作业结束后，按压操纵杆，抬起前端支撑导向轮从而实现快速转向换垄作业，具有转弯半径小，操作方便，特别适合丘陵小地块、育种小区等使用。该机的主要结构参数和工作参数如表4.1所示。

表4.1 1JSW-600型步行式薯蔓粉碎还田机主要技术参数

项目	参数
整机尺寸（长×宽×高）（mm×mm×mm）	2 620×940×1 160
整机质量（kg）	450
发动机功率（kW）	6.3
作业幅宽（mm）	600
行驶速度（m/s）	0.5～1.2
粉碎刀转速（r/min）	1 700～2 100
工作效率（hm^2/h）	0.16～0.20

4.2 关键部件设计

4.2.1 粉碎装置设计

粉碎装置是1JSW-600型步行式薯蔓粉碎还田机的关键部件，其作用是挑送、打击、切碎甘薯秧蔓，使其粉碎长度不大于150mm。如图4.3所示，粉碎装置主要由碎蔓刀辊、刀座、甩刀以及销轴组成。为降低整机重量、减小动力消耗，将刀辊轴设计成空心轴，两端焊接轴头用于传动连接和支撑。

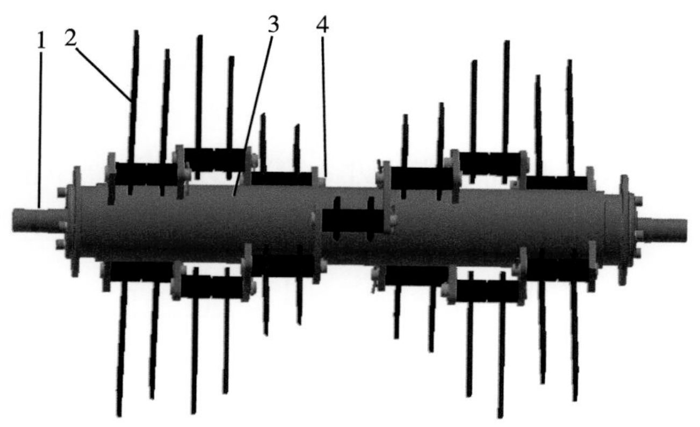

1—轴头；2—甩刀；3—刀辊轴；4—刀座。

图4.3 粉碎装置结构示意图

甩刀是甘薯碎蔓还田机的关键作业部件，其结构形式直接影响整机的作业效果。目前，秸秆粉碎用甩刀形状主要有以下3种类型：一是直刀型，结构简单，制造容易，工作部位开刃，功率消耗较小；二是Y型或者L型，加工较复杂，但粉碎效果好，比直刀型捡拾效果好，高速旋转时将秸秆切断并带入粉碎腔体内进一步粉碎；三是锤爪型，体积较大，对高粱、棉花等较硬的作物秸秆有较好的粉碎效果，但功率消耗较大。考虑到甘薯秧蔓的物理特性和甘薯种植农艺，要切除垄顶、垄侧、垄沟的藤蔓，多数采用仿垄形切蔓方式，所用甩刀大多采用直刀型，加工简单且能满足作业需要。作业时甩刀不可避免地会打土产生反冲击力，需要较好的强度、韧性和耐磨性，因此选用65Mn材料，经过热处理之后达到HRC48-54，作业部分开刃，易于切断藤蔓。

甩刀如何排布对碎蔓还田机作业性能影响很大，它直接关系碎蔓机的功耗、作业效果和刀辊轴的平衡性。由于甘薯高垄种植，因此采用仿垄形设计，根据甘薯垄作种植农艺，中间甩刀短，两端长，仿照垄型长短刀配合，且轴向左右对称。综合比较对称排布、螺旋线排列和交错平衡排列，采用双螺旋交错对称排列，径向相邻甩刀间45°等分，使刀轴在转动时能够受力均匀，减小机器振动。刀的排列密度要合适，并非甩刀越多，碎蔓效果就越好，排列密度过大，功率消耗大，排列密度太小，粉碎效果差，不能满足设计要求。刀座排布如图4.4所示。

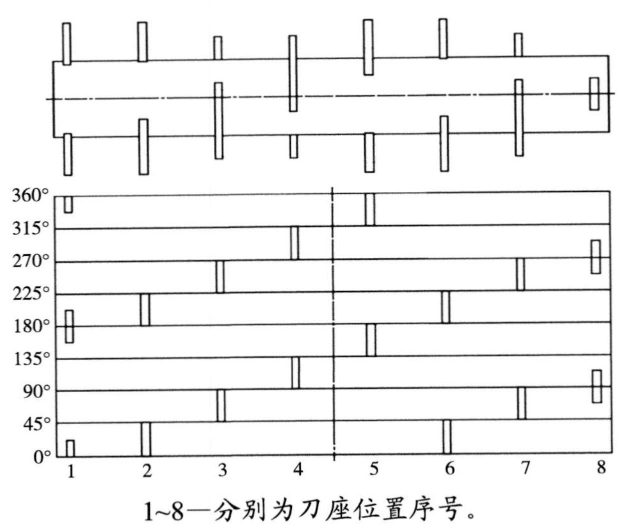

1~8—分别为刀座位置序号。

图4.4　刀座排布示意图

刀的排布密度计算公式为：

$$C=N/L \tag{4.1}$$

式中，N为甩刀数量，片；L为作业幅宽，mm；C为刀片的排列密度，片/mm。

为减轻机器重量和降低动力消耗，取有效粉碎作业幅宽L=600mm，由于本机主要针对丘陵坡地小田块作业，为了减少整机重量和作业功耗，将其作业幅宽设计为600mm，其后续配套的单行挖掘犁或挖掘收获机作业幅宽小于600mm，而地下薯块的集中分布宽度一般小于600mm，完全满足收获需求，所以只需粉碎垄面上的秧蔓，垄沟残留的少量秧蔓不影响后续挖掘作业。

刀片的排列密度一般取0.02～0.07片/mm，故刀片数量为12～42片。

粉碎刀辊的转速是粉碎装置设计中主要参数之一，为提高机器粉碎效果，刀轴设计为反转（即甩刀的旋转方向与前进方向相反），该机作业时，甩刀的绝对速度即为机器的前进速度和甩刀回转速度的合成速度，甩刀运动轨迹为余摆线。对甩刀的运动轨迹进行分析，建立以刀辊轴轴心为坐标原点，机具前进方向为x轴正方向，垂直向下为y轴正方向的坐标系，如图4.5所示。

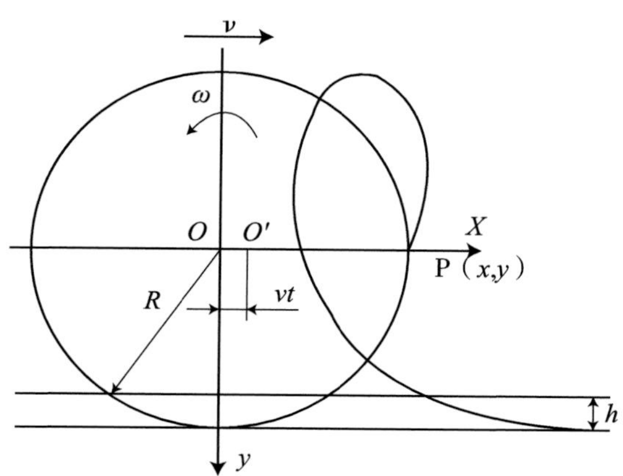

O—刀辊运动初始位置轴心；O'—经过时间t后轴心所在位置；P点—甩刀顶端；ω—刀辊角速度，rad/s；v—机具前进速度m/s；vt—经时间t后刀辊前行的距离，m；R—甩刀最大回转半径，m；h—地面留茬平均高度，m。

图4.5 甩刀运动轨迹

取甩刀刀尖的任意一点P（x，y），则P点的运动轨迹为：

$$\begin{cases} x = vt - R\cos\omega t \\ y = R\sin\omega t \end{cases} \tag{4.2}$$

式中，v为机具前进速度，m/s；t为刀辊运动时间，s；R为甩刀的回转半径，m；ω为刀辊转动角速度，rad/s，ωt为刀辊一定时间内转过角度，°。

对式（4.2）中时间t进行求导得：

$$\begin{cases} v_x = \dfrac{dx}{dt} = v + R\omega\sin\omega t \\ v_y = \dfrac{dy}{dt} = R\omega\cos\omega t \end{cases} \tag{4.3}$$

式中，v_x为水平分速度，m/s；v_y为垂直分速度，m/s。v为机具前进速度；R为甩刀的回转半径；ωt为刀辊一定时间内转过角度，°；ω为刀辊转动角速度，rad/s。

碎蔓机作业质量受甩刀水平速度v_x大小影响。为了确保作业质量的绝对速度大小不能低于切蔓所需速度，即：$|v_x| \leqslant v$

由图4-5知：

$$\sin\omega t = (R - h)/R \tag{4.4}$$

将以上所有公式代入得：

$$n \geqslant 30(v_c - v)/[\pi(R - h)] \tag{4.5}$$

式中，n为刀轴转速，r/min；v_c为切蔓所需速度，m/s；v为机具前进速度，m/s；R为甩刀最大回转半径，m；h为地面留茬平均高度，m。

稳定工作状态下，机具前进速度v=0.78m/s，切蔓所需速度v_c=25m/s，田间实际留茬高度h=0.15m，甩刀最大回转半径R=0.29m。

将以上数据代入计算得到甘薯碎蔓刀辊的转速不应小于1 653r/min。

4.2.2 刀座防磨损设计

传统方式一般将甩刀直接铰接在刀座上，甩刀与销轴之间的磨损较大，容易使销轴表面磨合区域出现深浅不一的磨痕，且甩刀连接孔容易磨损变形，高速作业时甩刀易断裂甩出，存在安全隐患。本设计改变传统模式，如图4.6所示，将固定套筒焊接在甩刀的底端，然后在甩刀底端的套筒上套上内隔套，再将内隔套套在销轴上，最后将销轴铰接在刀座上，装配后确保甩刀能够绕销轴自由转动。同时确保固定套筒的加工尺寸精度，防止由于尺寸误差累计造成相邻甩刀之间的干涉。本设计将传统的线接触转换为隔套与销轴之间的面接触，有效增加了接触面积，降低了单位面积的接触力，从而降低了高速旋转时销轴磨损状况，作业时可以通过改变固定套筒的长度，能够调节刀片间的间距。甩刀是主要作业部件，在高速旋转状态下与甘薯秧蔓、田间土壤和杂物接触，有时甚至会打到硬土块和石头，产生很大的冲击力，此设计能够有效降低销轴的磨损和断裂，显著提高销轴的可靠性和安全性。

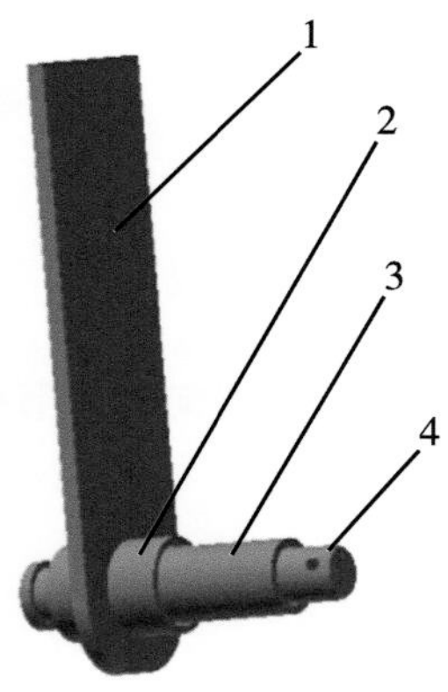

1—甩刀；2—固定套筒；3—内隔套；4—销轴。

图4.6 甩刀连接方式

4.2.3 导向轮调节机构

1JSW-600型步行式薯蔓粉碎还田机导向轮调节机构主要由导向轮支架、滚动丝杆、固定支撑柱、手摇杆、导向轮等组成，如图4.7所示。导向轮支架两侧通过螺栓固定在机架罩壳上，同时可以绕螺栓转动。通过转动手摇杆使滚动螺杆前进或者后退调节粉碎刀辊离垄面的高度，可以实现刀辊甩刀离垄面在0～150mm范围内调节。导向轮调节机构可以根据田间实际情况调整高度，如果垄较大较宽，出现切土或者切薯的时候应该适当提升高度，减少甩刀片切土和切薯；如果甩刀离甘薯秧蔓距离较大，作业效果较差可以适当降低高度，提高作业质量。另外导向轮支架可以降低机器作业过程中产生的振动，同时作业过程中导向轮在垄沟里行走具有导向和整机支撑作用。

1—导向轮支架；2—导向轮；3—滚动螺杆；4—固定支撑柱；5—手摇杆。

图4.7 导向轮调节机构

4.2.4 动力选配和传动系统设计

1JSW-600型步行式薯蔓粉碎还田机动力的配置由机具作业幅宽、刀辊的转速、整机重量等因素决定。另外由于本机要适用于丘陵山地作业，因此还要考虑以下因素：一是良好的通过性（指机器跨越田埂障碍和垄沟的能力）；二是具有良好的操作性（田间转弯半径小）；三是结构紧凑，整机质量小，整机成本低（丘陵地区经济发展水平有限，农民的购买力较低）。此外，考虑到甘薯一般采用垄作种植，收获期甘薯垄高一般200mm左右，垄底宽一般在650mm左右，垄距一般在900mm左右，故选用的轮距要符合以上要求，过窄过宽都容易伤垄和压垄。根据以上要求结合目前市场情况，选用微耕机1WG6.3-135FC-DL-X型机器底盘、发动机、变速器和操作杆，将启动方式设计为电启动。该机器共有7个挡位，前进挡5个，后退挡2个，其主要参数如表4.2所示。

表4.2 1JSW-600型步行式薯蔓粉碎还田机动力参数

项目	参数
型号	1WG6.3-135FC-DL-X
额定功率［kW/（r · min）］	6.3/1 800
油箱容量（L）	5.5
传动方式	皮带
挡位	F：1/2/3/4/5 R：-1/-2
总重（kg）	180

1JSW-600型步行式薯蔓粉碎还田机采用两级V带传动，刀辊轴的传动系统：动力经发动机输出，经过两级带轮增速传递到刀辊轴。如图4.8所示。根据传动比计算公式：

$$i = i_1 \cdot i_2 = \frac{n}{n_1} \tag{4.6}$$

式中，n为发动机输出转速，r/min；n_1为刀辊转速，r/min；i_1、

i_2为皮带传动机构传动比。i为刀辊轴装置的总传动比。

所选发动机的输出轴转速为1 800r/min，且刀辊轴转速$n \geq$ 1 653r/min，同时综合考虑甘薯秧蔓粉碎和机器功率消耗等因素，选取带轮的直径代入式（4.6）中计算刀辊轴转速。

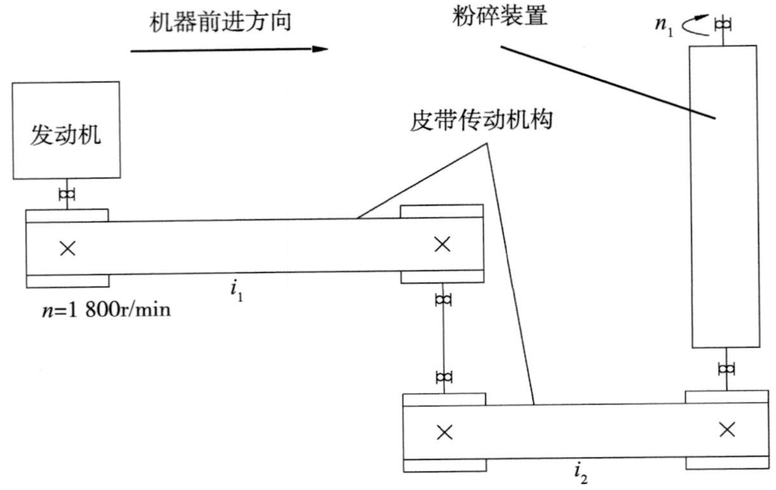

图4.8　1JSW-600型步行式薯蔓粉碎还田机传动系统示意图

4.3　参数优化试验

4.3.1　试验条件

试验地点为农业农村部南京农业机械化研究所白马试验基地，试验田地势平坦、无障碍物，土质较黏重，土壤含水率为22.8%。试验甘薯地品种为江苏省农业科学院培育出的‘宁紫2号’，试验地长100m，宽40m，面积0.4hm^2。收获期时，试验地甘薯种植株距为22.4cm，垄距为90.3cm，垄高为13.9cm，垄顶宽27.9cm，垄底宽65.4cm。甘薯藤蔓平均直径6.20mm，平均长度122.6cm，含水率79.9%。

4.3.2 试验设备与仪器

试验仪器设备主要有1JSW-600型步行式薯蔓粉碎还田机、水分仪、电子天平、皮尺、卷尺、转速表、剪刀、工具包等。整机及田间试验情景如图4.9所示。

图4.9 1JSW-600型步行式薯蔓粉碎还田机及其田间试验

4.3.3 试验参数与方法

试验分别测定1JSW-600型步行式薯蔓粉碎还田机不同工作参数下秧蔓粉碎合格率Y_1、垄顶留茬高度Y_2、伤薯率Y_3等参数作为碎蔓还田机的评价指标。影响甘薯碎蔓还田机评价指标的因素很多，如田间状况、刀辊转速、离地间隙、刀片间距、机具前进速度、刀片形状等。在前期试验基础上确定刀辊转速、离地间隙、刀片间距对作业指标的影响较大，刀辊转速太小作业效果差，太大增大动力消耗，根据刀辊设计计算取转速1 700～2 100r/min；离地间隙小作业效果好，但容易切薯、切土，离地间隙太大作业效果差，故离地间隙调节范围为10～40mm；刀片间距应适宜，太小容易造成壅土，太大作业效果差，故刀片间距范围为30～50mm。本试验采用三因素三水平Box-Behnken试验设计方案，对机器刀辊转速X_1、最短甩刀刀尖离地间隙X_2、刀片间距X_3开展响应面试验研究。试验因素和水平如表4.3所示。

表4.3　试验因素和水平

试验水平	刀辊转速 X_1（r/min）	离地间隙 X_2（mm）	刀片间距 X_3（mm）
−1	1 700	10	30
0	1 900	25	40
1	2 100	40	50

目前我国还没有针对甘薯碎蔓装备的行业技术标准，因此，依据河南省地方标准《甘薯机械化起垄收获作业技术规程》（DB41/T 1010—2015）。垄面甘薯秧蔓粉碎长度合格率测定：作业前在测区等距离测定3个区域，每区域以垄顶为中心，长度1m，宽度0.6m，除从薯块顶部处留100mm长茎管茬外，将测区所有的蔓、茎、叶收集称重，平均值作为总重M_1；作业后重新划定3个区域，分别从中挑出粉碎长度大于150mm的不合格秧蔓，取其平均值M_2作为不合格秧蔓的重量。计算秧蔓粉碎合格率公式为：

$$Y_1(\%)=\frac{M_1-M_2}{M_1}\times 100 \qquad (4.7)$$

式中，Y_1为秧蔓粉碎合格率，%；M_1为作业前秧蔓总质量平均值；M_2为作业后不合格秧蔓总质量平均值。

垄顶留茬高度测定。作业后在测区随机测定10个留茬的长度，取平均值作为垄顶留茬长度Y_2。垄顶留茬平均高度计算公式：

$$Y_2 = \frac{L_N}{N} \tag{4.8}$$

式中，Y_2为垄顶留茬平均高度，mm；L_N为测定株数留茬长度总和，mm；N为测定的株数。

伤薯率Y_3的测定。碎蔓机作业后选定测区长度20m，挖出测区内的总薯质量为W_0，碎蔓伤薯质量为W_1，伤薯率计算公式为：

$$Y_3(\%) = \frac{W_1}{W_0} \times 100 \tag{4.9}$$

式中，Y_3为伤薯率，%；W_1为作业伤薯的质量；W_0为测区薯的总质量。

4.3.4　结果与分析

（1）试验结果。根据Box-Behnken试验原理设计三因素三水平分析试验，试验方案包括17个试验点，其中包括12个分析因子，5个零点估计误差，试验方案与响应值见表4.4。

表4.4　试验设计方案及响应值

序号	因素水平			响应值		
	刀辊转速 X_1	离地间隙 X_2	刀片间距 X_3	粉碎合格率 Y_1（%）	留茬高度 Y_2（mm）	伤薯率 Y_3（%）
1	−1	0	−1	65.12	77	0.30
2	0	−1	1	85.91	61	0.42
3	0	1	1	74.37	76	0.05
4	−1	−1	0	84.36	63	0.47
5	0	1	−1	75.94	79	0.32

（续表）

序号	因素水平			响应值		
	刀辊转速 X_1	离地间隙 X_2	刀片间距 X_3	粉碎合格率 Y_1（%）	留茬高度 Y_2（mm）	伤薯率 Y_3（%）
6	0	0	0	93.75	43	0.24
7	1	−1	0	97.79	31	0.57
8	0	0	0	92.82	44	0.26
9	1	1	0	89.65	71	0.30
10	−1	0	1	64.74	82	0.11
11	0	0	0	92.23	47	0.22
12	0	0	0	89.36	48	0.25
13	−1	1	0	61.17	97	0.02
14	0	0	0	93.46	52	0.22
15	1	0	1	87.25	53	0.31
16	0	−1	−1	81.73	53	0.49
17	1	0	−1	80.34	55	0.55

注：X_1、X_2、X_3为x_1、x_2、x_3对应的水平值，下同。

（2）回归模型建立与显著性检验。根据表4.4中的数据样本，利用Design-Expert 8.0.6.1软件进行多元回归拟合分析寻求最优工作参数，建立粉碎合格率Y_1、留茬高度Y_2、伤薯率Y_3对刀辊转速X_1、离地间隙X_2、刀片间距X_3 3个自变量的二次多项式响应面回归模型，如式（4.10）至式（4.12）所示，并对回归方程进行方差分析，结果如表4.5所示。

$$\begin{aligned}Y_1 = 92.32 + 9.96X_1 - 6.08X_2 + 1.14X_3 \\ + 3.76X_1X_2 + 1.82X_1X_3 - 1.44X_2X_3 \\ - 7.1X_1^2 - 1.98X_2^2 - 10.86X_3^2\end{aligned} \tag{4.10}$$

$$\begin{aligned}Y_2 = 46.80 - 13.63X_1 + 14.38X_2 - 1.00X_3 \\ + 1.50X_1X_2 - 1.75X_1X_3 - 2.75X_2X_3 \\ + 9.10X_1^2 + 7.60X_2^2 + 10.85X_3^2\end{aligned} \tag{4.11}$$

$$\begin{aligned}Y_3 = 0.24 + 0.10X_1 - 0.16X_2 - 0.096X_3 \\ + 0.045X_1X_2 - 0.013X_1X_3 - 0.05X_2X_3 \\ + 0.05X_1^2 + 0.052X_2^2 + 0.03X_3^2\end{aligned} \tag{4.12}$$

式中，X_1为刀辊转速；X_2为离地间隙；X_3为刀片间距。

由表4.5可知，响应面模型中粉碎合格率Y_1、留茬高度Y_2、伤薯率Y_3的响应面模型的P值分别为<0.000 1、<0.000 5、<0.000 1，P值均小于0.01，表明回归模型高度显著；失拟项分别为0.152 5、0.117 2、0.059 5，均大于0.05，表明回归方程拟合度高；其决定系数R^2值分别为0.979 5、0.959 4、0.983 2，表明这3个模型可以解释95%以上的评价指标。因此，该模型可以优化分析甘薯碎蔓还田机的参数。

表4.5　回归方程方差分析

方差来源	粉碎合格率 Y_1				留茬高度 Y_2				伤薯率 Y_3			
	平方和	自由度	F值	显著水平 P	平方和	自由度	F值	显著水平 P	平方和	自由度	F值	显著水平
模型	1 960.05	9	37.21	<0.000 1**	4 573.98	9	18.38	0.000 5**	0.41	9	45.39	<0.000 1**
X_1	792.82	1	135.46	<0.000 1**	1 485.13	1	53.71	0.000 7**	0.086	1	86.67	<0.000 1**
X_2	295.97	1	50.57	0.000 2**	1 653.13	1	59.79	<0.000 1**	0.20	1	199.73	<0.000 1**
X_3	10.44	1	1.78	0.223 4	8.00	1	0.29	0.415 6	0.074	1	74.59	<0.000 1**
X_1X_2	56.63	1	9.68	0.017 1*	9.00	1	0.33	0.299 0	8.1 E−3	1	8.15	0.024 5*
X_1X_3	13.29	1	2.27	0.175 6	12.25	1	0.44	0.299 0	6.25 E−4	1	0.63	0.453 7
X_2X_3	8.27	1	1.41	0.273 4	30.25	1	1.09	0.389 3	0.01	1	10.06	0.015 7*
X_1^2	212.45	1	36.30	0.000 5**	348.67	1	12.61	0.034 1*	0.01	1	10.49	0.014 3*
X_2^2	16.48	1	2.82	0.137 3	388.04	1	14.03	0.003 6**	0.011	1	11.57	0.011 4*
X_3^2	496.43	1	84.82	<0.000 1**	495.67	1	17.93	0.002 2**	3.727 E−3	1	3.75	0.094 0
残差	40.97	7			193.55	7			6.955 E−3	7		
失拟项	28.60	3	3.08	0.152 5	142.75	3	3.75	0.117 2	5.675 E−3	3	5.91	0.059 5
误差	12.36	4			50.80	4			1.280E−3	4		
总和	2 001.02	16			4 767.53	16			0.41	16		

注：P<0.01（极显著，**）；P<0.05（显著，*）。

通过P值大小反映各参数对回归方程的影响作用，$P<0.01$表明参数对模型影响极显著，$P<0.05$表明参数对模型影响显著。粉碎合格率Y_1模型中X_1、X_2、X_1^2、X_3^2 4个回归项对模型影响极显著（$P<0.01$），X_1X_2对模型影响显著（$P<0.05$）；留茬高度Y_2模型中X_1、X_2、X_2^2、X_3^2 4个回归项对模型影响极显著（$P<0.01$），X_1^2对模型影响显著（$P<0.05$）；伤薯率Y_3模型中X_1、X_2、X_3 3个回归项对模型影响极显著（$P<0.01$），X_1X_2、X_2X_3、X_1^2、X_2^2 4个回归项对模型影响显著（$P<0.05$）。在保证模$P<0.01$、失拟项$P>0.05$的基础上，剔除模型不显著回归项，对模型Y_1、Y_2、Y_3进行优化，如式（4.13）至式（4.15）所示。

$$\begin{aligned}Y_1 = 91.49 + 9.96X_1 - 6.08X_2 + 3.76X_1X_2 \\ - 7.21X_1^2 - 10.96X_3^2\end{aligned} \tag{4.13}$$

$$\begin{aligned}Y_2 = 46.80 - 13.63X_1 + 14.38X_2 + 9.10X_1^2 \\ + 9.60X_2^2 + 10.85X_3^2\end{aligned} \tag{4.14}$$

$$\begin{aligned}Y_3 = 0.25 + 0.1X_1 - 0.16X_2 - 0.096X_3 + 0.045X_1X_2 \\ - 0.05X_2X_3 + 0.051X_1^2 + 0.054X_2^2\end{aligned} \tag{4.15}$$

（3）各因素对性能影响效应分析。各因素对模型的影响大小可通过贡献率K值的大小来体现，各因素对秧蔓粉碎合格率为：刀辊转速X_1>离地间隙X_2>刀片间距X_3；各因素对留茬高度贡献率大小顺序为：离地间隙X_2>刀辊转速X_1>刀片间距X_3；各因素对伤薯率贡献率大小顺序为：离地间隙X_2>刀辊转速X_1>刀片间距X_3。分析结果如表4.6所示。

表4.6　各因素贡献率分析

评价指标	各因素贡献率顺序			贡献率顺序
	刀辊转速 X_1	离地间隙 X_2	刀片间距 X_3	
粉碎合格率 Y_1	2.69	2.22	1.85	$X_1>X_2>X_3$
留茬高度 Y_2	1.90	1.95	1.01	$X_2>X_1>X_3$
伤薯率 Y_3	2.33	2.80	2.20	$X_2>X_1>X_3$

（4）交互因素对性能影响规律分析。根据上述回归方程分析结果，利用Design-Expert 8.0.6.1绘制响应面图，根据响应面图分析刀辊转速X_1、离地间隙X_2、刀片间距X_3交互因素对响应值的影响。

①交互因素对秧蔓粉碎合格率的影响规律分析。刀辊转速X_1、离地间隙X_2、刀片间距X_3交互因素对响应值Y_1影响的响应面曲线图见图4.10（a～c）。图4.10（a）为刀片间距X_3位于中心水平（40mm）时，刀辊转速X_1与离地间隙X_2对秧蔓粉碎合格率Y_1交互作用的响应面图，从图4.10（a）可以看出，增大刀辊转速和降低离地间隙有助于提高秧蔓粉碎合格率；图4.10（b）为离地间隙X_2位于中心水平（25mm）时，刀辊转速X_1与刀片间距X_3对秧蔓粉碎合格率Y_1交互作用的响应面图，从图4.10（b）可以看出，在同一刀辊转速下秧蔓粉碎合格率随着刀片间距的增大先增大后减小，同一刀片间距下秧蔓粉碎合格率随着刀辊转速的增大而增大；图4.10（c）为刀辊转速X_1位于中心水平（1 900r/min）时，离地间隙X_2与刀片间距X_3对秧蔓粉碎合格率Y_1交互作用的响应面图，从图4.10（c）可以看出，在同一刀片间距下秧蔓粉碎合格率随着离地间隙的减小而增大，在同一离地间隙下秧蔓粉碎合格率随着刀片间距先增大后减小。

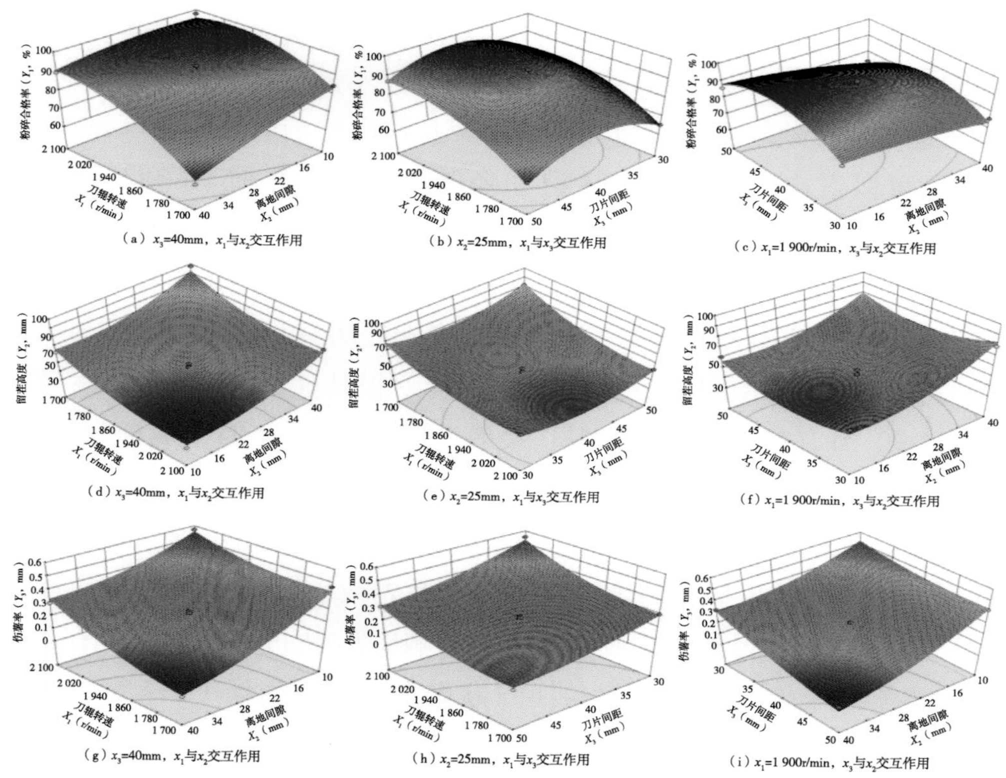

（a）x_3=40mm，x_1与x_2交互作用　（b）x_2=25mm，x_1与x_3交互作用　（c）x_1=1 900r/min，x_3与x_2交互作用

（d）x_3=40mm，x_1与x_2交互作用　（e）x_2=25mm，x_1与x_3交互作用　（f）x_1=1 900r/min，x_3与x_2交互作用

（g）x_3=40mm，x_1与x_2交互作用　（h）x_2=25mm，x_1与x_3交互作用　（i）x_1=1 900r/min，x_3与x_2交互作用

图4.10　交互因素对粉碎合格率、留茬高度和伤薯率的影响

注：响应面试验因素见表4.3，响应值见表4.4。

此外，从各因素对响应值Y_1影响的响应图中［图4.10（a～c）］可以得知，响应面变化规律与回归方程方差分析结果（表4.5）及模型［式（4.13）］一致，总体影响趋势为刀辊转速越高、离地间隙越小、刀片间距适中，则秧蔓粉碎合格率越高。其主要原因为：当刀辊转速增大，甩刀线速度增大、单位时间内秧蔓被打击的次数增多，秧蔓粉碎合格率增大；当离地间隙减小时，秧蔓被打击面积增大，粉碎合格率增大；刀片间距应适中，太小容易造成刀辊缠堵，太大秧蔓粉碎长度过长。

②交互因素对留茬高度的影响规律分析。刀辊转速X_1、离地间

隙X_2、刀片间距X_3交互因素对响应值Y_2影响的响应面曲线图见图4.10（d～f）。图4.10（d）为刀片间距X_3位于中心水平（40mm）时，刀辊转速X_1与离地间隙X_2对留茬高度Y_2交互作用的响应面图，从图4.10（d）可以看出，增大刀辊转速和降低离地间隙有助于降低留茬高度；图4.10（e）为离地间隙X_2位于中心水平（25mm）时，刀辊转速X_1与刀片间距X_3对留茬高度Y_2交互作用的响应面图，从图4.10（e）可以看出，在同一刀辊转速下留茬高度随着刀片间距的增大先减小后增大，同一刀片间距下留茬高度随着刀辊转速的增大而减小；图4.10（f）为刀辊转速X_1位于中心水平（1 900r/min）时，离地间隙X_2与刀片间距X_3对留茬高度Y_2交互作用的响应面图，从图4.10（f）可以看出，在同一刀片间距下留茬高度随着离地间隙的减小而减小，在同一离地间隙下留茬高度随着刀片间距先减小后增大。

此外，从各因素对响应值Y_2影响的响应图中［图4.10（d～f）］可以得知，响应面变化规律与回归方程方差分析结果（表4.5）及模型［式（4.14）］一致，总体影响趋势为刀辊转速越高、离地间隙越小、刀片间距适中，则留茬高度越小。其主要原因为：当刀辊转速增大，甩刀线速度增大，打击力和打击频次都增加，所切秧蔓的长度越小；当离地间隙越小，离地较近的秧蔓被打击的次数越多，留茬高度越小；刀片间距应适中，太小容易造成刀辊缠堵，容易漏切，太大则留茬长度长。

③交互因素对伤薯率的影响规律分析。刀辊转速X_1、离地间隙X_2、刀片间距X_3交互因素对响应值Y_3影响的响应面曲线见图4.10（g～i）。图4.10（g）为刀片间距X_3位于中心水平（40mm）时，刀辊转速X_1与离地间隙X_2对伤薯率Y_3交互作用的响应面图，从图4.10（g）可以看出，增大刀辊转速和降低离地间隙伤薯率增大；图4.10（h）为离地间隙X_2位于中心水平（25mm）时，刀辊转速X_1与刀片间距X_3对伤薯率Y_3交互作用的响应面图，从图4.10（h）可以看出，

增大刀辊转速和减小刀片间距伤薯率增大；图4.10（i）为刀辊转速X_1位于中心水平（1 900r/min）时，离地间隙X_2与刀片间距X_3对伤薯率Y_3交互作用的响应面图，从图4.10（i）可以看出，减小离地间隙和刀片间距伤薯率增大。

此外，从各因素对响应值Y_3影响的响应图中［图4.10（g～i）］可以得知，响应面变化规律与回归方程方差分析结果（表4.5）及模型［式（4.15）］一致，总体影响趋势为刀辊转速越低、离地间隙越大、刀片间距大，则伤薯率小。其主要原因为：当刀辊转速增大、离地间隙小和刀片间距减小时，甩刀线速度增大，切土可能性增大，薯块顶部被切伤的概率变大，伤薯率增大。

4.4　参数优化与验证试验

4.4.1　参数优化

为了使1JSW-600型步行式薯蔓粉碎还田机的作业性能达到最佳，因此必须要求秧蔓粉碎合格率高、留茬高度小、伤薯率低，根据交互因素对秧蔓粉碎合格率、留茬高度、伤薯率影响效应分析可知：要获得较高的秧蔓粉碎合格率，就必须要求刀辊转速大、离地间隙小、刀片间距适中；要获得留茬高度小，就必须要求刀辊转速大、离地间隙小、刀片间距适中；要想获得较低的伤薯率，就必须要求刀辊转速小、离地间隙大、刀片间距大。为了寻求最佳参数组合，考虑各因素对响应值的影响不尽相同，因此，必须进行多目标优化。

本研究针对1JSW-600型步行式薯蔓粉碎还田机工作参数优化，要求满足秧蔓粉碎合格率高、留茬高度小、伤薯率低作业要求。根据甘薯碎蔓还田机的实际工作条件、作业性能要求和上述相关模型分析结果，选择优化约束条件为：

$$\begin{cases} \max Y_1(x_1, x_2, x_3) \\ \min Y_2(x_1, x_2, x_3) \\ \max Y_3(x_1, x_2, x_3) \\ Y_f > 0 & f = 1, 2, 3 \\ -1 \leqslant X_j \leqslant 1 & j = 1, 2, 3 \end{cases} \tag{4.16}$$

为了得到各因素最优工作参数，采用Design-Expert软件对各参数进行优化求解。当刀辊转速为1 956.46r/min、离地间隙为25.70mm、刀片间距为42.74mm时，此时秧蔓粉碎合格率为93.85%、留茬高度为45.44mm、伤薯率为0.24%。

4.4.2 试验验证

为了验证模型预测的准确性，采用上述参数在农业农村部南京农业机械化研究所白马试验基地甘薯地进行3次重复试验。考虑试验可行性，将刀辊转速设置为1 950r/min、离地间隙为25mm、刀片间距为40mm，在此优化方案下进行试验，结果见表4.7。

表4.7　优化条件下各评价指标实测值

项目	秧蔓粉碎合格率 Y_1（%）	留茬高度 Y_2（mm）	伤薯率 Y_3（%）
试验平均值	94.88	47.08	0.23
优化值	93.85	45.44	0.24
相对误差	1.10	3.60	5.00

通过分析表4.7结果可知，各响应值试验值与理论优化值均比较吻合，试验值与理论优化值相对误差均小于5%，因此，参数优化模型可靠。在碎蔓作业时，采用该优化参数组合，即刀辊转速为1 950r/min、离地间隙为25mm、刀片间距为40mm，此时秧蔓粉碎合

格率为93.85%、留茬高度为45.44mm、伤薯率为0.24%，机具田间作业效果如图4.11所示。

a. 作业前

b. 作业后

图4.11 作业前后秧蔓粉碎效果对比

4.5 研究结论

（1）本研究设计的1JSW-600型步行式薯蔓粉碎还田机，配套动力6.3kW，作业幅宽600mm，能一次完成挑秧、拢蔓、割蔓、粉碎、还田作业，设计了仿垄形碎蔓刀辊对称结构，具有整机幅宽小、重量轻、操作便利、转弯半径小、爬坡过坎方便，便于田间转移和适应较窄机耕道行走等特点，能较好地满足我国丘陵山区、育种小区甘薯碎蔓作业，亦可用于平原地区甘薯生产，有效解决了小型碎蔓机的便利性、经济性、顺畅性、安全性、适应性等问题。

（2）采用Box-Benhnken试验方法对刀辊转速、离地间隙和刀片间距对秧蔓粉碎合格率、留茬高度和伤薯率的影响趋势建立优化模型，通过试验验证了模型和优化结果的准确性，实测值与优化值相对误差均小于5%，表明模型可靠性较高。

（3）各因素对粉碎合格率影响显著顺序为刀辊转速>离地间隙>刀片间距；各因素对留茬高度影响显著顺序为离地间隙>刀辊转速>刀片间

距；各因素对伤薯率影响显著顺序为离地间隙>刀辊转速>刀片间距。

（4）1JSW-600型步行式薯蔓粉碎还田机最优工作参数组合：刀辊转速为1 950r/min、离地间隙为25mm、刀片间距为42mm，此时秧蔓粉碎合格率为93.85%、留茬高度为45.44mm、伤薯率为0.24%。

4.6 推广应用情况

自2016年起，专利权人“农业部南京农业机械化研究所”（现更名为“农业农村部南京农业机械化研究所”）以该专利技术先后与“四川川龙拖拉机制造有限公司”“南通富来威农业装备有限公司”“江苏金秆农业装备有限公司”等农机行业骨干企业开展技术合作，1JSW-600型步行式薯蔓粉碎还田机已实现了小批量生产，现已在四川、重庆、湖北、江苏、安徽、河南、山东等多个省份推广应用和销售，2017年产品荣获“第十九届中国国际高新技术成果交易会优秀产品奖”“2018年度江苏机械工业专利奖一等奖”，作为重要研究内容之一的研发成果，获“2017年度江苏省科学技术二等奖”，有力地支撑了甘薯产业健康发展。

本专利产品为甘薯生产提供了一种全新思路和一款适用机型，填补了国内丘陵地区甘薯除藤蔓作业领域的技术空白，其研发成功的消息被《中国科学报》、科学网、中国农业机械网、中国农业网、网易、农机360网、《江苏科技报》等多家主流媒体报道，该发明攻克了丘陵地区甘薯机械化除藤蔓技术瓶颈问题，破解了人工割蔓劳动强度大、用工多的难题，为丘陵地区甘薯全程机械化配套奠定了坚实基础，而且产品价格仅为日本小型碎蔓机到岸价的30%，性价比优势明显，对解决甘薯生产急需、保障农民增收、促进产业健康发展、保障国家粮食安全具有重要意义。此外，亦为“一带一路”“走出去”提供了先进适用的农机新产品。

5　1JHSM-900型悬挂式薯蔓粉碎还田机研究设计

目前，与四轮拖拉机配套的悬挂式中大型甘薯碎蔓还田机是甘薯生产中最为广泛的碎蔓机型，本章以具有典型代表性的1JHSM-900型悬挂式薯蔓粉碎还田机为例，进行研究设计，具体如下。

5.1　整体结构与工作原理

5.1.1　整机结构

1JHSM-900型悬挂式薯蔓粉碎还田机由悬挂机构、罩壳总成、仿形刀辊总成、齿轮箱总成、传动机构、张紧组件、限深轮组件等组成，基本结构如图5.1所示。作业时动力传递路线为：拖拉机后端动力输出轴通过万向节传动轴将动力传递给齿轮箱总成，齿轮箱总成将动力转向提速后，通过齿轮箱带轮、三角胶带将动力传递给仿形刀辊总成，驱动甩刀刀辊高速旋转，将藤蔓挑起切碎抛落田间。

5.1.2　整机工作原理

机具作业前，根据地块实际垄高、垄宽调整1JHSM-900型悬挂式薯蔓粉碎还田机后端限深轮的高度和宽度，试切，垄顶秧蔓留茬长度不宜超过50mm。作业时，拖拉机后端液压提升放下，牵引机具沿甘薯垄作方向前进，由拖拉机后动力驱动碎蔓机刀辊逆向旋转，刀辊上的切蔓刀在距地面一定高度（不伤及薯块为原则）将秧蔓挑起切断并送入机架壳体粉碎室，高速旋转的刀辊在半封闭的粉碎室内形成负压，在碎蔓刀、仿垄座、罩壳、负压的共同作用下，将秧蔓多次打击、砍切、粉碎，然后抛撒地面；安装在机架左右两侧的挑秧刀随着机具的前行将垄沟中秧蔓挑起一定高度，被附近高速旋转的外侧粉碎长刀切断，达到切断垄沟长蔓的目的，完成作业过程。在每垄作业完成后，掉头转弯时，关闭后动力输出，通过后悬挂将碎蔓机升起，然后再调头转弯准备下一垄作业。

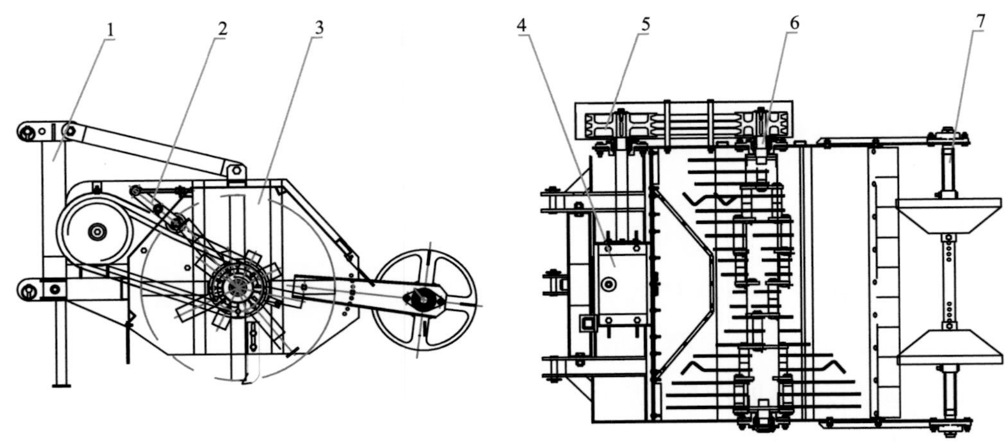

1—悬挂机构；2—张紧组件；3—罩壳总成；4—齿轮箱总成；
5—传动机构；6—仿形刀辊总成；7—限深轮组件。

图5.1　1JHSM-900型悬挂式薯蔓粉碎还田机结构示意图

5.1.3　主要技术参数及指标

1JHSM-900型悬挂式薯蔓粉碎还田机主要结构参数及技术指标如表5.1所示。

表5.1 甘薯碎蔓还田机结构参数及技术指标

项目	数值
配套动力（kW）	18.4 ~ 22.1
整机尺寸（长 × 宽 × 高）（mm × mm × mm）	1 594 × 1 190 × 963
工作垄数（垄）	1
工作幅宽（mm）	900
秧蔓处理方式	粉碎还田
碎蔓机型式	三点悬挂、牵引、卧式
适宜垄距（mm）	850 ~ 950
适合垄高（mm）	200（收获期）
秧蔓粉碎合格长度（mm）	100
平均留茬长度（mm）	80

5.2 关键部件的研究设计

5.2.1 罩壳总成设计

罩壳总成主要起支撑、容纳、辅助切削作用，另外一个重要作用是起安全防护，防止高速旋转的切刀打击到田里的石块等杂物飞起伤人，同时也防止甩刀意外脱落甩出伤人。罩壳总成主要包括侧罩、上罩、仿垄座、加强槽钢、定刀等，基本结构如图5.2所示。

罩壳总成的设计应充分考虑强度、刚度、振动稳定性和热变形等要求，根据与其他部件的装配关系和自身工艺条件，计算和分析罩壳的受力情况、结构形式和制造方法。1JHSM-900型悬挂式薯蔓粉碎还田机的罩壳采用钢板折弯成型焊接而成，上罩与碎蔓刀辊外圆间距为23mm；罩壳壁厚的设计原则是在不增加质量的条件下，尽可能增加截面轮廓尺寸，减小壁厚。本机具罩壳经过强度和刚度计算，上罩壁厚为2mm，侧罩壁厚为5mm，仿垄座壁厚为1.5mm。为改善罩壳的强度，尤其是对于较大面积的侧罩和上罩，应增设加强槽钢，在不增加总重的条件下，保障了强度。槽钢的长度与上罩的宽度和侧罩的高度相一致，厚度为4mm。

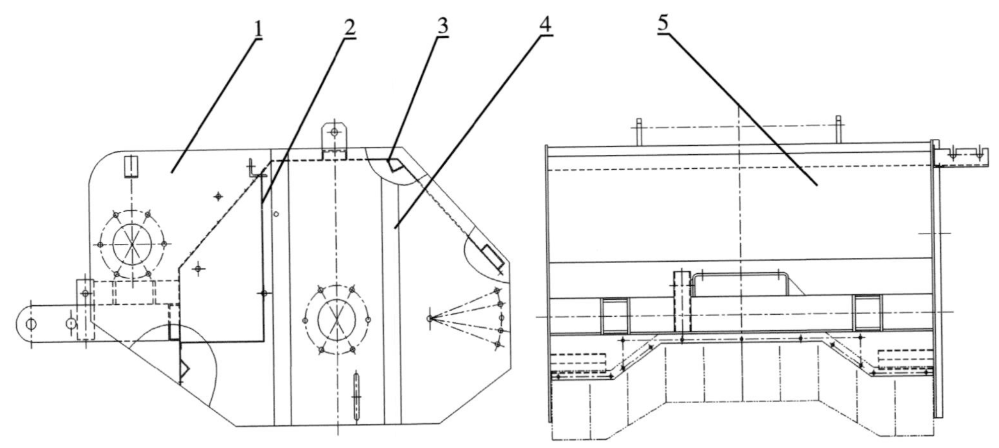

1—侧罩；2—仿垄座；3—定刀；4—加强槽钢；5—上罩。

图5.2　罩壳总成基本结构

仿垄座是罩壳设计的重要内容。仿垄座是根据薯蔓特性和垄形特征设计而成。仿垄座、罩壳、刀辊在机具作业时形成一个半封闭空间，随着刀辊的不断旋转，空间内部产生负压，对薯蔓起到吸附作用，提高薯蔓粉碎率；仿垄座还起定刀的作用，通过设计仿垄座与碎蔓刀之间的合理间距，形成对进入藤蔓的二次撞击粉碎，有效提高秧蔓的粉碎合格率。仿垄座与切蔓刀的间距为50mm。结构如图5.3所示。

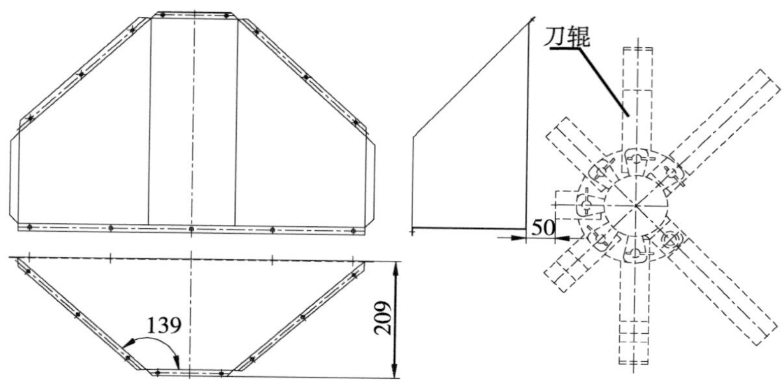

图5.3 仿垄座结构示意图（单位：mm）

5.2.2 仿形碎蔓刀辊总成

刀辊总成上装有直刀和弯刀，旋转时与垄顶和垄侧全面接触，形成仿垄形轨迹，将全部垄面的秧蔓全面粉碎；碎蔓刀与甘薯垄顶形成一定间距，保证作业时不伤甘薯，并且可以方便地将甘薯秧与薯块切断分离。仿形碎蔓刀辊总成由直刀、弯刀、刀座、刀轴等组成，基本结构如图5.4所示。

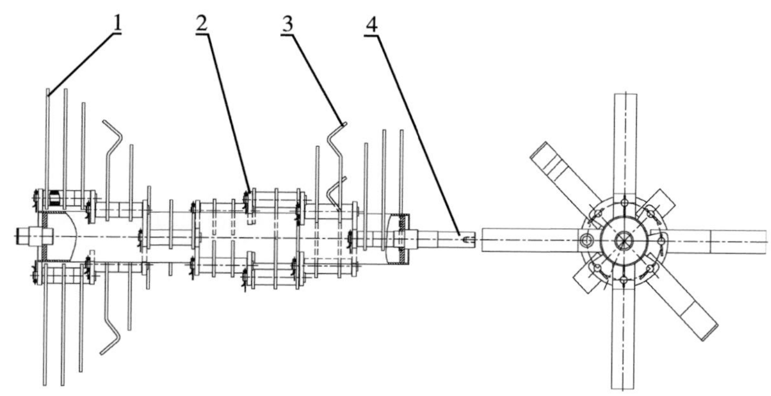

1—直刀；2—刀座；3—弯刀；4—刀轴。

图5.4 仿形碎蔓刀辊总成结构示意图

（1）刀轴。刀轴模型如图5.5所示，为了降低成本、减轻整机重量，将刀轴设计为空心轴，两端焊接轴头用于传动和连接支撑，刀轴长度根据相邻两垄沟间距而定，在此取930mm。

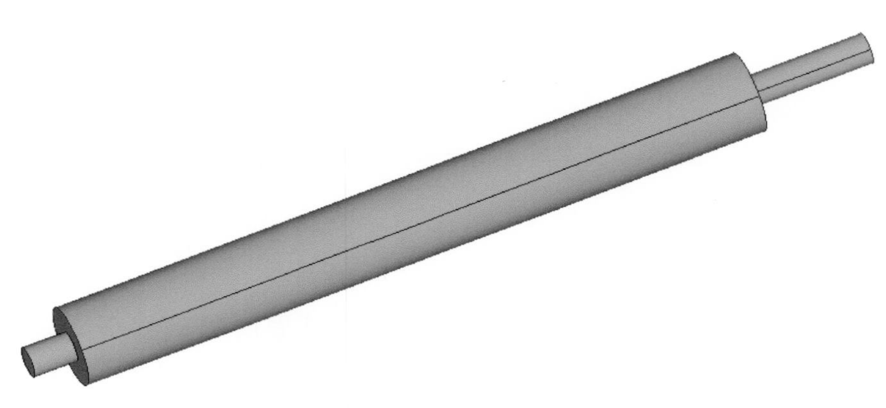

图5.5　刀轴模型

刀辊高速旋转切割秧蔓，并且会有甩刀入土的情况，故需刀轴有一定的强度和韧性；刀轴上需要焊接刀座，因此所选材料还要有良好的焊接特性，综合考虑，选择Q235碳素钢作为刀轴材料。

（2）碎蔓刀形状。碎蔓刀是碎蔓机上主要工作部件，也是一个易损零件，除要求具有良好的耐磨性外，其形状和尺寸对碎蔓机的效率和切碎程度也有较大影响。

甩刀形状直接影响秧蔓粉碎效果，并且会影响刀辊的排列设计。生产上甩刀的形状各式各样，主要可分为直刀、锤爪式甩刀、“Y”形甩刀、“T”形甩刀、“L”形甩刀及折弯刀等，如图5.6所示。

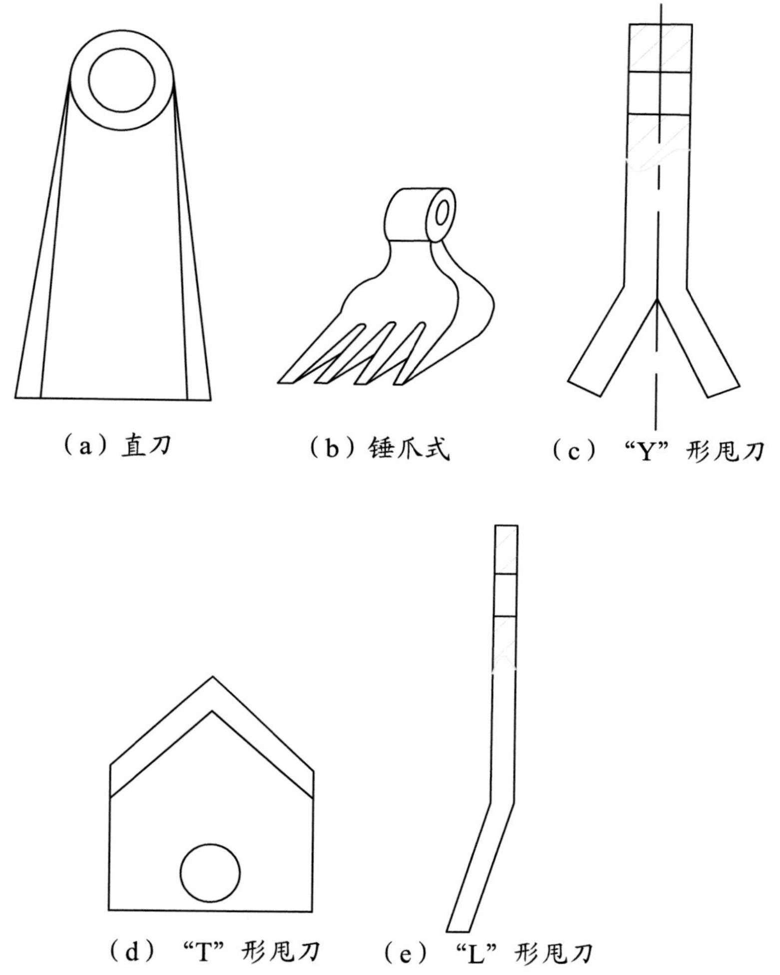

图5.6 甩刀种类

其中：

①直刀：体积较小，结构简单，便于制造加工，运转时阻力较小，消耗功率较小。工作部位开刃，高速旋转工作时，刀刃及锋利的刀尖对秧蔓砍切、滑切，粉碎效果较好。

②锤爪式甩刀：自身有较大的质量和体积，作用面积大，同时功耗也比较大。刀辊高速旋转时，锤爪形成很大的冲击力，使茎秆得到

充分粉碎，对玉米、高粱、棉花等作物较硬的茎秆具有较好的粉碎效果。锤爪式甩刀对材料耐磨性能和强度有较高的要求，通常选用抗磨损、高强度的铸钢。

③Y形甩刀：有较好的捡拾特性，重量和体积相对于锤爪较小，作用面积相对于直刀较大。工作部位做开刃处理，增加了剪切力。捡拾粉碎效果较好，功率消耗少。

④T形刀：立式粉碎还田机用得比较多，横向和纵向切割兼顾，结构较为复杂。

⑤L形甩刀及折弯刀：能够很好地用滑切的方法割断根茬，降低了切割藤蔓时的阻力。正切刃采用圆弧曲线刃，侧切刃采用直刃。加工较复杂，粉碎效果好。

考虑到甘薯的物理特性和种植模式，采用仿垄形碎蔓方式。为达到仿形碎蔓的目的，设计采用异形刀组配仿垄形碎蔓，其垄顶和垄沟采用直刀，垄侧采用L型折弯刀。其中不与轴套焊接为一体的直刀两端留孔，留孔的好处是一个孔用来与销孔连接，磨损后换另一孔与销轴连接。为了减小碎蔓刀传递到轴承和机架上的冲击力，切刀的摆心应当与销轴的轴心相重合。

（3）碎蔓刀辊转速。机具前进时，碎蔓刀的绝对速度是由机组的前进运动与刀轴的回转运动所合成的。为使刀片在整个碎蔓过程中不产生推蔓现象，因此要求其绝对运动轨迹为余摆线，如图4.4所示。其转速计算方法如第4章节中式（4.2）至式（4.5）所示：

$$n \geqslant 30\left(v_{c}-v\right)/\left[\pi\left(R-h\right)\right] \tag{5.1}$$

式中，n为刀轴转速，r/min；v_c为碎蔓所需速度，m/s；v为机具前进速度，m/s；R为甩刀最大回转半径，m；h为地面留茬平均高度，m。

在1JHSM-900型悬挂式薯蔓粉碎还田机碎蔓时，v取0.48m/s，h取0.15m，R为0.326m（刀片最大回转半径），v_c取30m/s。将上述参数代入式（5.1），则刀辊转速$n \geqslant 1\,700$r/min。因此，1JHSM-900型悬挂式薯蔓粉碎还田机碎蔓刀辊转速应大于等于1 700r/min。

（4）碎蔓刀排列。为保证碎蔓刀在刀轴上的排列利于整个刀辊的平衡，也利于防止切刀的磨损，1JHSM-900型悬挂式薯蔓粉碎还田机切刀的排列采用了双螺旋线方式。碎蔓刀片的数量有一个最佳值，过多或过少都会使粉碎质量下降，数量过少，达不到秧蔓粉碎要求；反之，消耗功率大，并且易造成局部堵塞而影响粉碎。刀片数量的最佳值一般由刀片的密度来确定。刀片密度计算公式如式（5.2）所示。

$$C=N/L \tag{5.2}$$

式中，N为甩刀数量（片）；L为机具的作业幅宽（mm），对于直刀片型，刀片密度一般取0.05～0.07片/mm。

1JHSM-900型悬挂式薯蔓粉碎还田机的作业幅宽为900mm，刀片数量取45片最佳。

5.2.3 限深轮组件

1JHSM-900型悬挂式薯蔓粉碎还田机通过三点悬挂固定在拖拉机牵引机构后方，其高度和角度调节可以通过后悬挂杆的伸缩和液压机构进行调整。但是垄形的起伏、机具的振动都会使碎蔓机的切蔓高度有很大变化，导致不能平稳作业。碎蔓机太低时，甩刀会入土，不仅造成伤薯，而且会使机具产生强烈振动，对机具造成损害，增加能耗；太高则会造成秧蔓粉碎不充分，故而在其后端设计了可调限深机构。限深轮主要有高度调节支臂、宽度调节管、左右哑铃形地轮等组成。限深轮可以根据甘薯垄的宽度、高度调节机器作业状态。限深轮的宽度调节范围为190～430mm，高度调节范围为290mm。另外限深地轮设计成锥面，便于夹紧垄侧面，使机具不能左右摇晃，便于平稳作业，提高作业质量。限深轮组件的基本结构如图5.7所示。

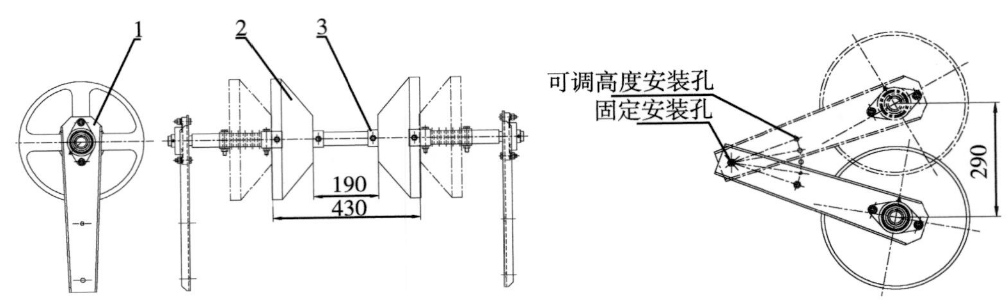

1—高度调节支臂；2—地轮；3—宽度调节管。

图5.7　限深轮组件基本结构（单位：mm）

5.3　关键技术设计

传统碎蔓机外侧长粉碎刀直接与固定轴接触，由于接触面小，高速旋转时易将接触部位磨成深沟，甚至磨断，造成粉碎刀飞出的危险；刀辊与侧向固定座之间有一定的配合间隙，高速旋转时，甘薯藤蔓等易缠进间隙内，造成缠绕堵塞；另外，由于垄高深浅不一，秧蔓粉碎作业时，垄沟中的长刀一般不接触到地面（碎蔓刀辊降得过低易伤薯，且碎蔓刀触地面会磨损加剧；粉碎刀是自由态固定的，遇到阻力时速度降低，难以切碎秧蔓），无法将贴近地面匍匐生长的垄沟中的秧蔓切碎，作业后依然会留下不少长1.5～2.5m的薯蔓，严重影响后续的挖掘收获作业。针对上述问题，1JHSM-900型悬挂式薯蔓粉碎还田机创新设计了3项关键技术。

5.3.1 防刀片磨损技术设计

传统的甩刀固定方式是将甩刀直接铰接在刀座的销轴上。由于甩刀是主要工作部件，在高速旋转下与秧蔓和杂物接触碰撞，甚至有时会打到土壤，对甩刀产生很大的冲击，甩刀与销轴之间是线接触，销轴很容易磨损甚至断裂，造成事故。

针对这一问题，根据磨损的根源，本设计通过增加甩刀与销轴间的接触面积来解决这一问题。如图5.8所示，在粉碎甩刀底端焊接一固定套筒（长26mm），套筒套在内隔套上，内隔套在销轴上，销轴铰接在刀座上，即将传统的点线接触转换为套筒与销轴之间的面接触，减少了单位面积接触力，在保证甩刀能自由转动的前提下，有效地解决了销轴易磨损的状况，大大改善了对刀轴的磨损，提高了机具使用寿命和安全性。

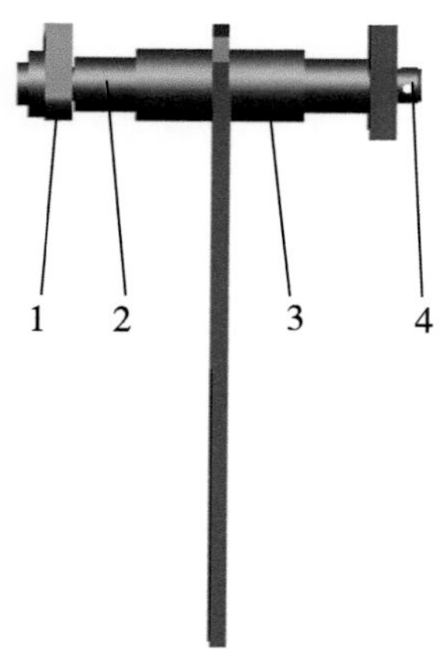

1—刀座；2—内隔套；3—套筒；4—甩刀。

图5.8 甩刀的连接方式

5.3.2 防轴端缠绕技术设计

目前甘薯藤蔓粉碎机作业时遇到的难题之一就是刀辊轴端易被秧蔓缠绕，秧蔓缠绕后会使刀辊的转速下降甚至停止转动，严重影响甘薯秧蔓的粉碎效果。图5.9所示是被缠绕住的薯蔓粉碎还田机，由于其刀辊与轴承座之间外露有一定的缝隙，所以很容易导致秧蔓缠绕。而且由于甘薯秧蔓直径较大，硬度、韧性较强，很难清理，对工作效率影响很大。

本设计研究出一种“静嵌动”轴端防秧蔓缠绕技术。将刀辊轴端固定轴承座（静止部分）设计成伸入仿形切蔓刀辊旋转轴筒（转动部分）内7mm（图5.10）。刀辊与轴承固定座之间的间隙已在旋转轴筒内，有效阻止了甘薯秧蔓在动静结合部位的缠绕问题。

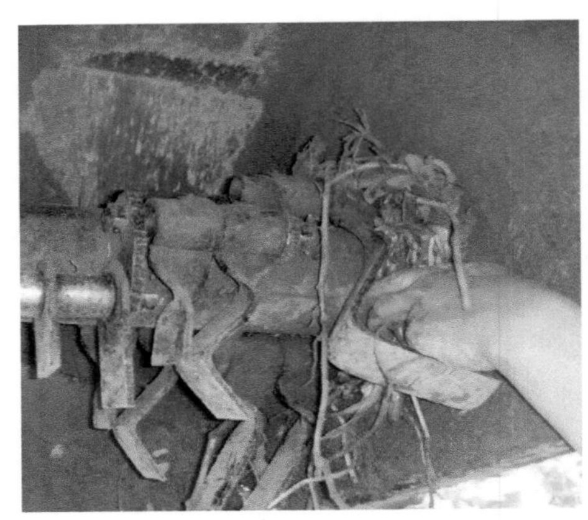

图5.9　轴端缠绕情况

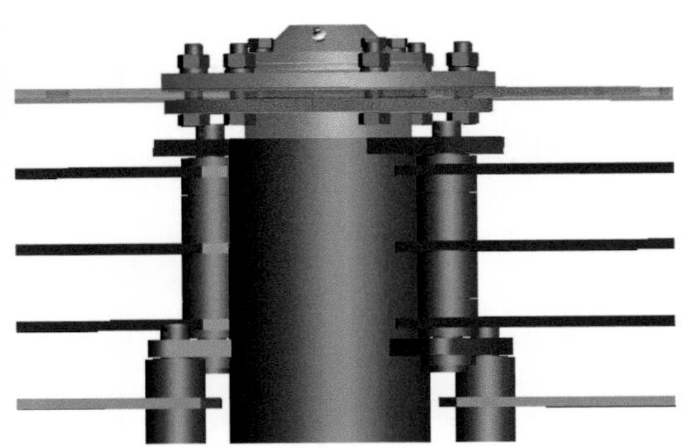

图5.10　轴端防缠绕设计

5.3.3　靴型垄沟挑秧刀

甘薯秧蔓一般都伏地贴垄生长，碎蔓机甩刀有时打不到垄沟的这些秧蔓，剩余藤蔓会影响后续收获机械作业。为解决该问题，1JHSM-900型悬挂式薯蔓粉碎还田机在设计了一对带自滑角的靴形垄沟挑秧刀固定在罩壳的左右两侧，与刀辊最外侧粉碎长刀形成组合，将垄沟长秧蔓挑起一定高度，被粉碎刀切断，断蔓顺靴形角自动滑落，实现自动清理，靴形垄沟挑秧刀能将垄沟中的藤蔓全部挑起并组合切碎，有效解决了后续收获作业的秧蔓壅堵问题，提高了作业顺畅性。靴形垄沟挑秧刀刀尖设计成55°，便于垄沟挑秧上行，刀尖与刀体设计成150°（图5.11），便于机具行走或调头转弯提升时能将上面挂的断秧自行滑落，挑秧刀上焊接两个螺母，便于在侧板上调节固定。

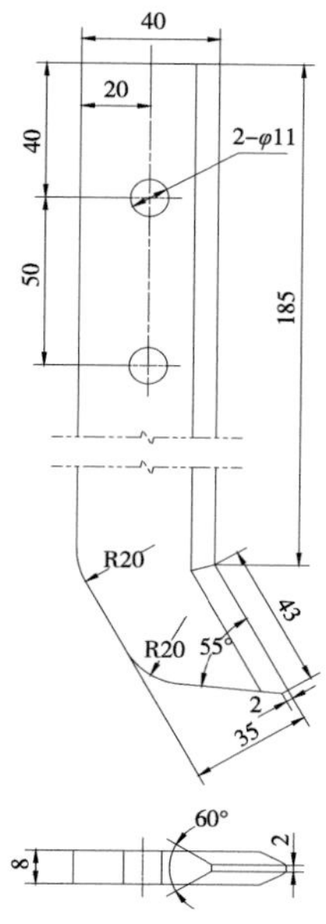

图5.11　挑秧刀结构（单位：mm）

5.4　仿真建模及关键部件有限元分析

1JHSM-900型悬挂式薯蔓粉碎还田机在工作时，甩刀高速旋转，刀具排列不当，制造、安装误差都会产生强烈振动，对机具造成较大损害。因此，对刀辊的动平衡进行分析校核具有重要意义。采用Pro/E软件对刀辊机构进行设计建模，再导入分析软件进行动平衡分析和有限元振动模态分析，为改进刀辊动平衡状态提供一种有效可行的方案。

5.4.1 三维模型建立

通过Pro/E建立1JHSM-900型悬挂式薯蔓粉碎还田机虚拟样机，从形状、结构和功能上进行仿真。根据仿真分析结果、实际要求和试验结果，实时修改相关的结构参数和工作参数。

（1）悬挂架组合。如图5.12所示，由支撑座焊合、拉杆等组配而成。作用是提拉、牵引碎蔓机。

图5.12 悬挂架组合三维图

（2）变速箱。如图5.13所示，由箱体、主动力输入轴、输出轴、大锥齿轮、小锥齿轮、轴承座、轴承、端盖、透气塞、油封等组成。变速箱起动力传输、变速和换向作用。

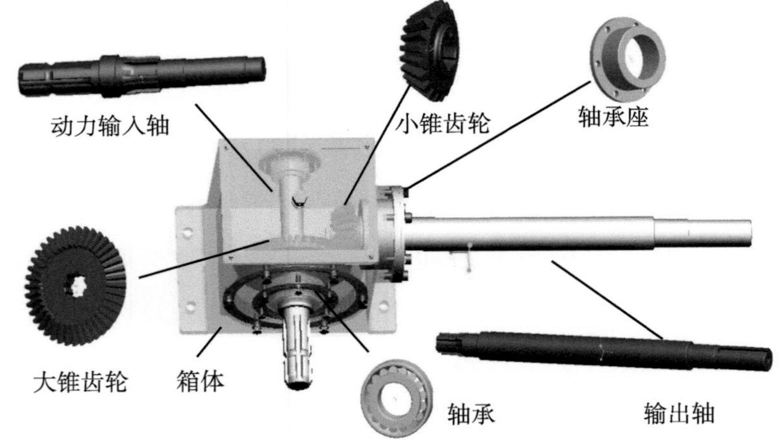

图5.13 变速箱组合三维图

（3）罩壳总成。如图5.14所示，由左侧板、右侧板、中间隔板、仿垄座等组成。主要作用是整机构架、装承刀辊，成为秧蔓粉碎室，另外还起到安全防护作用。

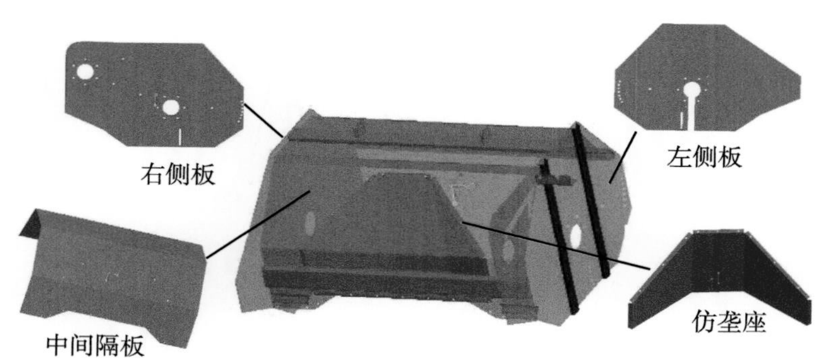

图5.14　罩壳总成三维图

（4）仿形限深轮组件。如图5.15所示，由地轮轴、地轮焊合、轴头、连接杆、调距轴套、轴承座等组合而成。起支承行走、仿形限深限位作用。

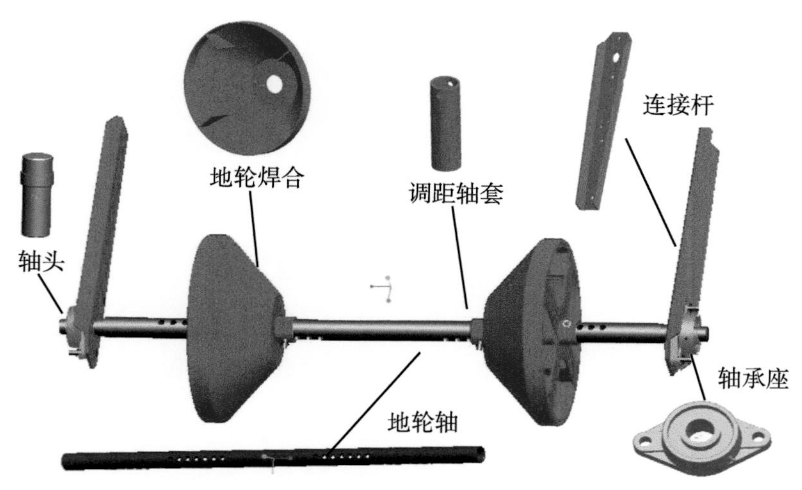

图5.15　仿形限深轮组合三维图

（5）刀辊组合。如图5.16所示，由刀辊轴、刀座、销轴、轴套、直刀、折弯刀、隔套等组配。它是甘薯秧蔓粉碎还田机的主要碎蔓工作部件，通过砍切、击打、搓揉将秧蔓粉碎后还田。

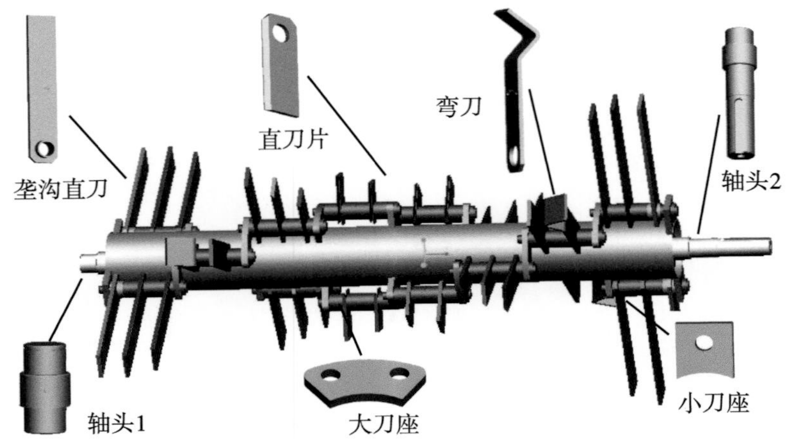

图5.16　刀辊组合三维图

（6）甘薯秧蔓粉碎还田整机。如图5.17所示，由悬挂架组合、变速箱组合、罩壳总成、仿形限深轮组件、刀辊组合等组配而成。

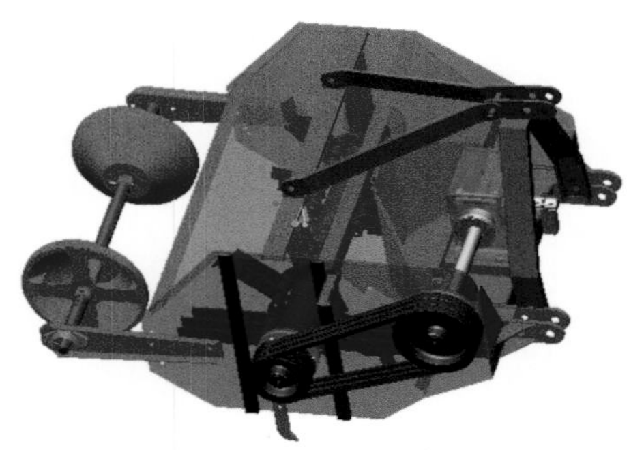

图5.17　1JHSM-900型甘薯秧蔓粉碎还田机

5.4.2　基于动力学仿真的刀辊动平衡分析

（1）仿真模型建立。ADAMS的运动学和动力学仿真功能比较强大，但其模型的构建功能相对较弱，而且操作复杂，为了能够建立精确地刀辊三维模型，采用Pro/E三维设计软件构建刀辊模型。为了方便仿真模拟，将刀辊支架固定部分简化成一个刀辊支架，对刀辊起支撑作用，支架与大地连接，可看成大地一部分。整个刀辊机构三维模型如图5.18所示。

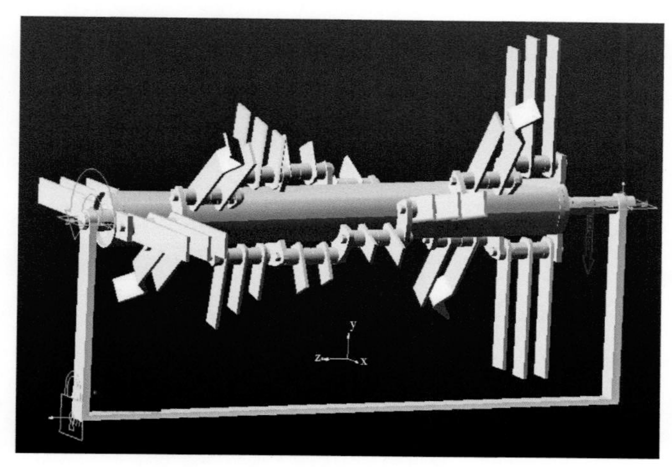

图5.18　刀辊机构三维模型

（2）刀辊动平衡分析。刀辊高速空转时甩刀可视为相对刀辊轴静止，这时将整个刀辊机构视为一体，在仿真软件中运用布尔加与布尔和将所有零件合为一体，然后对模型添加约束及驱动（图5.19）：使用固定副将高辊支架固结到大地上；刀辊两轴头与刀辊支架通过旋转副进行连接，两旋转副应在同一轴线上；在旋转副1上添加驱动并对驱动进行参数设置如图5.20所示，为了检验刀辊机构可靠性，尽量将其转速设置大些，在Function（time）中输入2 200.0*6.0d*time，表示刀辊转速为2 200r/min。设置好参数后开始仿真，打开仿真操作面板，设置【End Time】为10，【Steps】为100；然后单击“开始仿真按钮”如图5.21所示。通过仿真得到两轴端铰接处的支反力曲线图，如图5.22所示为两轴端X、Y、Z方向上的支反力及合力曲线图。

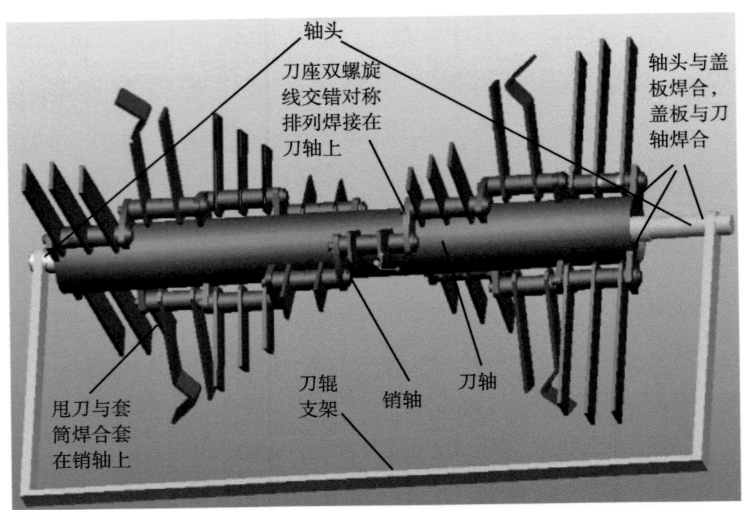

图5.19　ADAMS中的刀辊数值模型

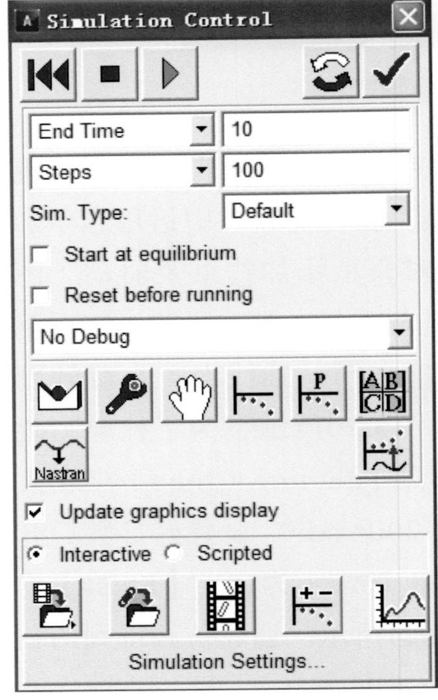

图5.20　驱动参数设计

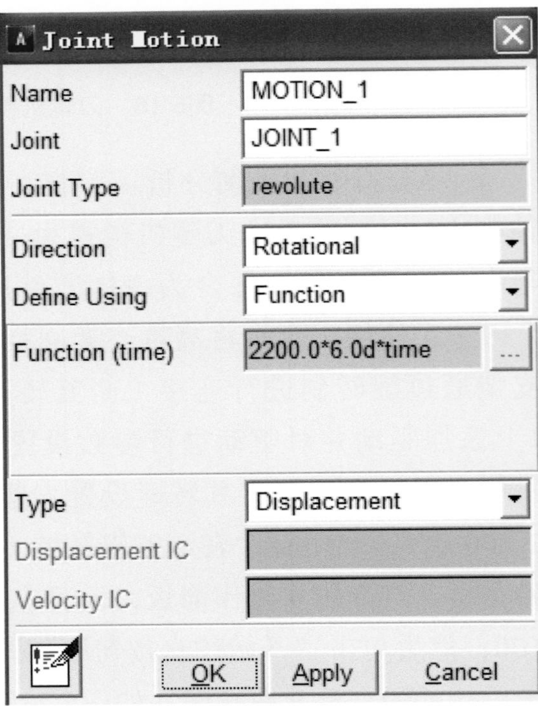

图5.21　仿真分析参数设计

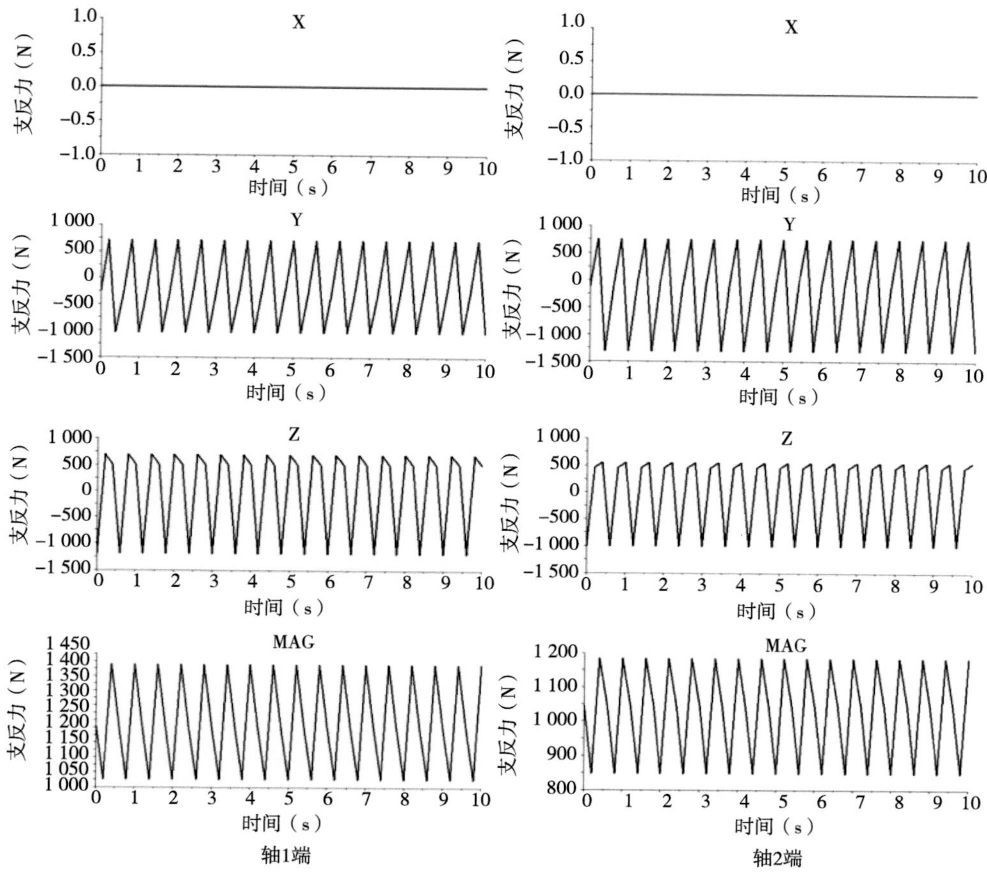

图5.22 支反力曲线图

根据GB/T 9239.1—2006要求，刀辊需达到G6.3级平衡精度，由表5.2所示动力学仿真的动平衡分析结果可知，1JHSM-900型悬挂式薯蔓粉碎还田机刀辊组件的设计满足要求

表5.2 刀辊动力学仿真计算结果

项目	参数
转速n（r/min）	2 200
角速度ω（rad/s）	230.27
转子校正半径r（mm）	52

（续表）

项目	参数
质量M（kg）	43.01
不平衡精度等级	G6.3
许用不平衡量U（g·mm）	1 176.45
轴1端支反力F_{A1}（N）	1 413.50
轴2端支反力F_{B2}（N）	1 025.34
轴1端不平衡量U_{A1}（g·mm）	512.65
轴2端不平衡量U_{B1}（g·mm）	371.87
$U_{AB1}=U_{A1}+U_{B1}$（g·mm）	884.52
是否满足平衡	满足

借助Pro/E三维软件和动力学分析软件对1JHSM-900型悬挂式薯蔓粉碎还田机的粉碎刀辊组件进行动平衡分析，结果表明刀辊组件的设计满足动平衡条件。这种仿真模拟分析方法是在理想条件下进行的，忽略了材料的不均匀、材质自身缺陷，及在安装、加工过程中的误差，主要用来校核设计方案的可行性及可靠性。这种方法减少了计算量和错误率，节省了生产试验成本，缩短了机具研制周期，对于现代农业机械设计具有实用价值。

5.4.3 基于有限元的刀辊振动模态分析

为了便于刀辊轴模态分析，将模型作了适当简化，通过Pro/E建立的简化刀辊轴三维模型输出为“*.IGS”文件，然后将文件导入有限元分析软件ANSYS，得到输入模型如图5.23所示。

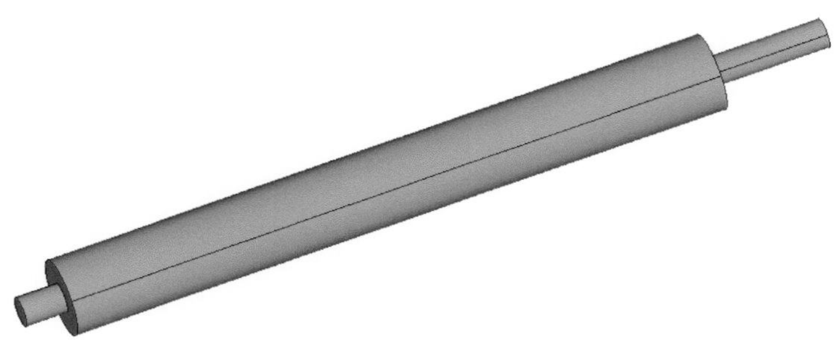

图5.23 刀辊轴模型

刀辊模型导入分析软件后，对其进行处理：选择单元类型，定义材料模型，设置弹性模量和泊松比值（图5.24、图5.25）；进行网格划分，设置网格大小为4，对刀辊轴模型进行自动划分网格，网格划分结果如图5.26所示。

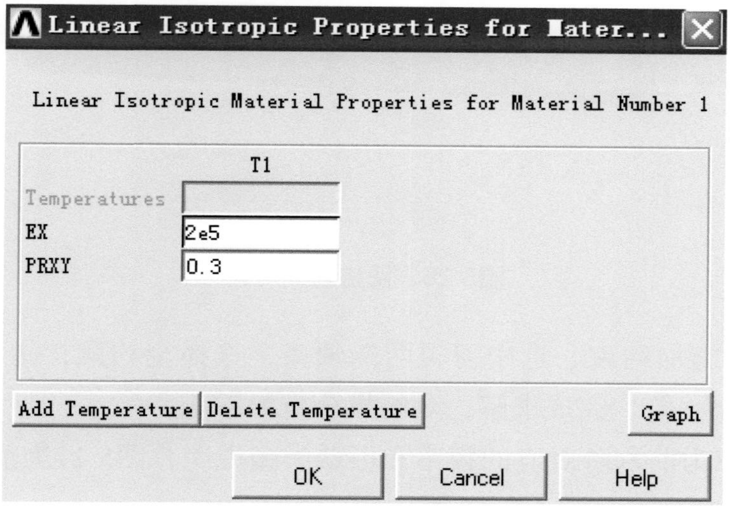

Linear Isotropic Properties for Mater...

Linear Isotropic Material Properties for Material Number 1

	T1
Temperatures	
EX	2e5
PRXY	0.3

Add Temperature | Delete Temperature | Graph

OK | Cancel | Help

图5.24 材料的弹性模量和泊松比设定

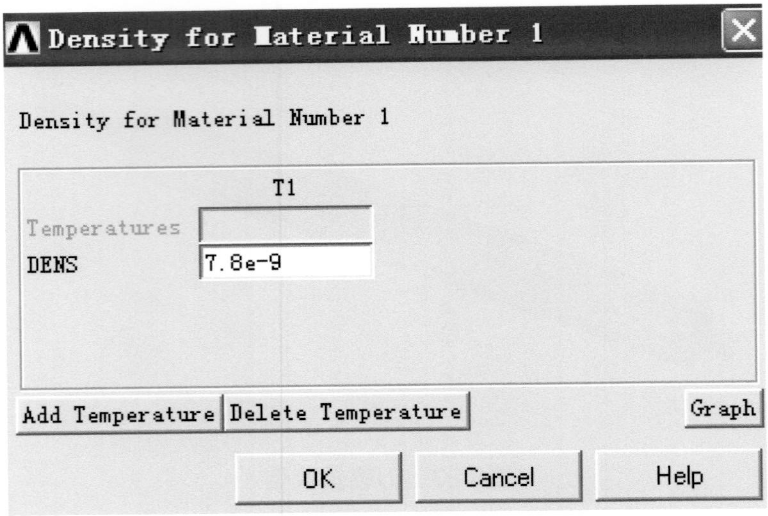

图5.25　定义材料的密度

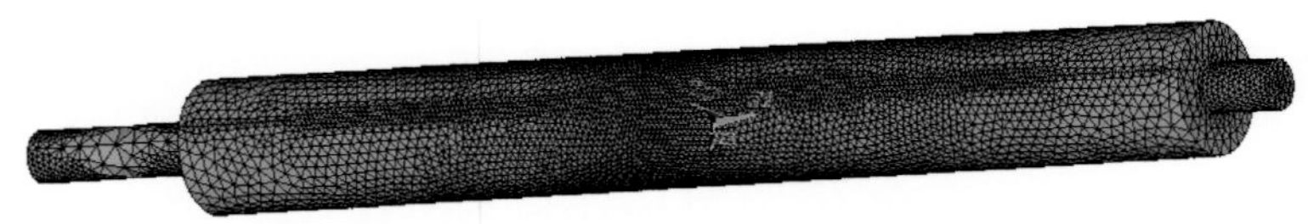

图5.26　网格划分结果

然后施加约束，选中刀辊两端轴头，选择全约束；指定要扩展的模态数为6阶，完成求解，对结果分析如下。

表5.3为前六阶对应的频率和振动类型说明，图5.27为前6阶对应的固有频率云图。

表5.3　刀辊轴前6阶固有频率及振型特征

阶数	固有频率（Hz）	振型特征
1	459.86	刀轴中段抖动
2	464.84	刀轴弯曲波动
3	1 307.40	刀轴两端摆动
4	1 312.00	刀轴扭动、摆动、弯曲剧烈
5	1 564.20	刀轴呈鼓状膨胀
6	1 620.90	刀轴集中在中段剧烈胀缩

由表5.3可知，1JHSM-900型悬挂式薯蔓粉碎还田机刀辊轴的固有频率分布在459.86～1 620.90Hz，当激励频率域结构的固有频率满足式（5.3），结构将不会产生共振。

$$0.75\omega_i < \omega_j < 1.3\omega_{i+1} \tag{5.3}$$

式中，ω_j为激励频率，Hz；ω_i与ω_{i+1}为固有频率，Hz。

1JHSM-900型悬挂式薯蔓粉碎还田机碎蔓刀辊轴的额定转速2 000r/min约为33Hz，远小于经Ansys模态分析计算刀辊轴的一阶固有频率159.86Hz，不会产生共振现象。拖拉机发动机转速为2 350r/min、后动力输出轴转速为720r/min、齿轮箱中输出轴的转速为1 520r/min，对刀辊轴的激励频率分别为39Hz、12Hz和25.3Hz，同样远小于共振频率。此外，该甘薯碎蔓机在工作时靠仿形限深轮支承沿垄前行，也可以有效衰减整机的振动。

从图5.27振型特征可以看出，1～4阶振型主要是刀轴的波动、摆动、扭动和弯曲，而由于刀辊轴是由钢管加工而成的空心轴，因此在5～6阶振型发生了鼓状膨胀和胀缩现象。以上现象不仅会使作业质量下降，还会影响机具的使用寿命，因此可适当加大刀辊轴的壁厚，使其刚度增加。

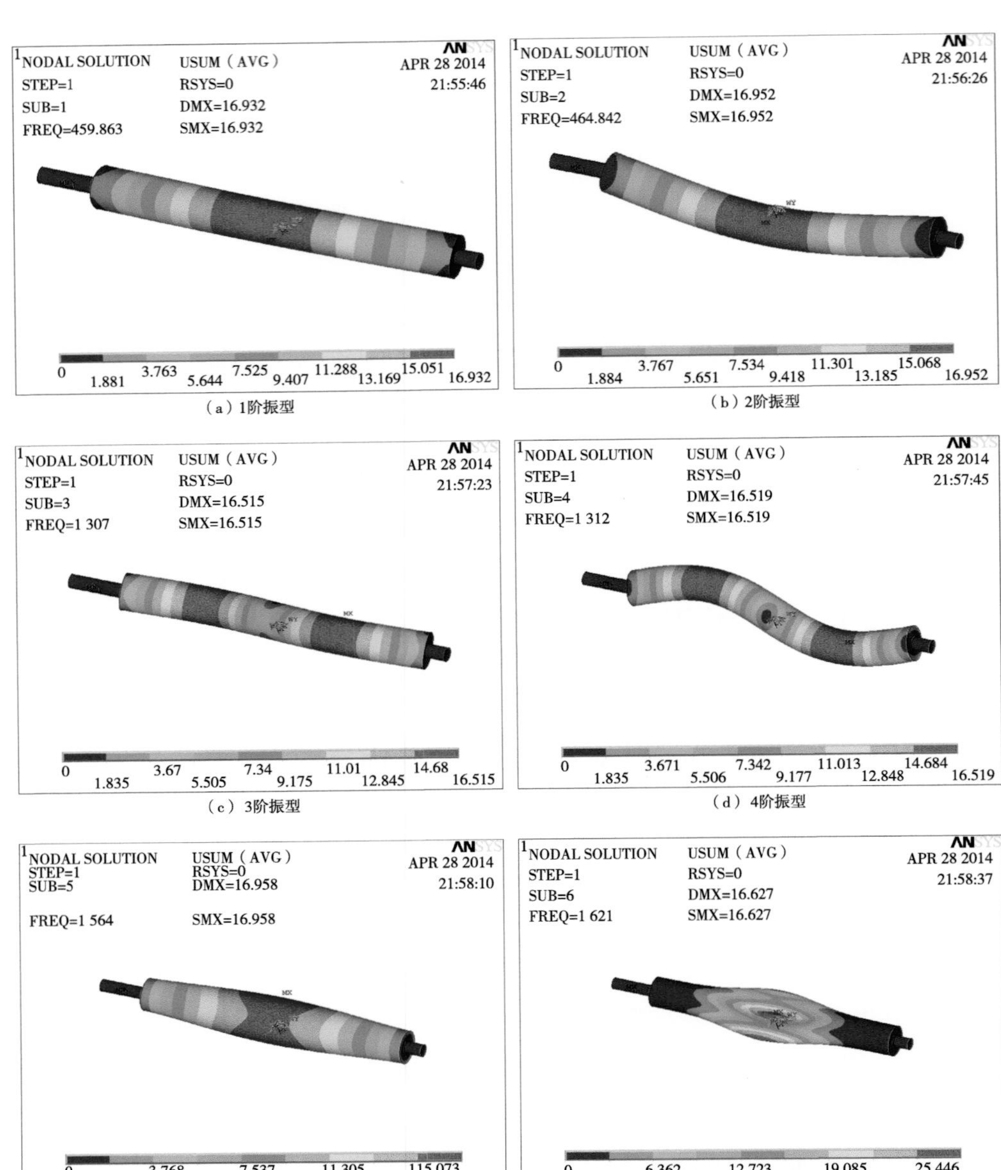

（a）1阶振型　（b）2阶振型

（c）3阶振型　（d）4阶振型

（e）5阶振型　（f）6阶振型

NODAL SOLUTION为节点解；STEP为载荷步；SUB为载荷子步；FREQ为固有频率；USUM（AVG）为平均总位移量；RSYS为直角坐标系；DMX为最大位移解；SMX为最大应力解。

图5.27　刀辊轴的振型

5.5 参数优化试验

5.5.1 试验条件

试验地点为河南省商丘市梁园区双八镇朱庄村河南省商丘市农林科学院甘薯试验基地内，试验田地势平坦、无障碍物，土壤偏沙性，土壤含水率为7.3%，土壤坚实度为120.3kPa。试验甘薯地品种商薯19号，种植面积0.8hm^2，试验小区长60m，宽22m。收获期时，试验地甘薯种植株距为22.2cm，垄距89.5cm，垄高20.4cm，垄顶宽30.8cm，垄底宽64.6cm。甘薯藤蔓平均直径5.70mm，平均长度259.4cm，含水率89.4%。

5.5.2 试验设备与仪器

试验仪器设备主要有1JHSM-900型悬挂式甘薯藤蔓粉碎还田机、水分测量仪、土壤坚实度仪、相机、电子天平、皮尺、卷尺、转速表、剪刀、标杆、工具包等。整机及田间试验情景如图5.28所示。

图5.28 1JHSM-900型悬挂式甘薯藤蔓粉碎还田机及其田间试验

5.5.3 试验参数与方法

依据河南省地方标准《甘薯机械化起垄收获作业技术规程》

（DB41/T 1010—2015），测定1JHSM-900型悬挂式薯蔓粉碎还田机的作业质量指标：垄面薯蔓粉碎长度合格率、垄顶留茬平均高度、纯生产率等。工作参数中对作业指标影响较大的因素是机具的前进速度v、刀辊转速w、刀辊离地高度h，通过不同的试验组合，研究其对整机作业质量的影响。

（1）影响整机作业质量的单因素试验。通过单因素试验，分析各影响因素对1JHSM-900型悬挂式薯蔓粉碎还田机作业质量的影响趋势，确定因素的取值范围，然后对各因素及其水平展开正交试验研究，确定影响秧蔓粉碎各因素的主次及各因素的最优参数组合。

①前进速度对作业质量的影响。

a. 实验方案。将刀辊转速设置为1 800r/min、刀辊中间甩刀刀尖离地高度定为20mm，拖拉机牵引碎蔓机分别以0.7m/s、0.65m/s、0.6m/s、0.55m/s、0.5m/s等不同的速度前进，每垄工作20m，去掉开头和结尾的5m，在中间的稳定工作区10m区域内选三点测量甘薯秧蔓粉碎的各项指标，研究机具前行速度和粉碎作业效果之间的关系。

b. 试验结果及分析。根据上述试验方案进行田间试验，得到机具不同前行速度下垄面薯蔓粉碎长度合格率、垄顶留茬平均高度，结果统计如表5.4和表5.5所示。用SPSS软件和Excel软件分别对不同前行速度和作业质量的影响进行单因素方差分析，结果如表5.6所示。由分析结果可知机具的前行速度对垄面秧蔓粉碎长度合格率影响极显著，对垄顶留茬高度作用显著。

综合试验结果分析可知，随着前进速度增大，秧蔓粉碎长度合格率呈逐渐下降趋势，垄顶留茬高度呈增长趋势。随着机具前进速度增加，单位面积秧蔓被击打的时间和次数降低，同时单位时间内甘薯碎蔓机粉碎室的秧蔓喂入量也呈增长趋势，因此秧蔓粉碎合格率随着前进速度增加而降低，垄顶留茬高度随着前进速度增加而变长了，影响趋势见图5.29所示。

表5.4 垄面薯蔓粉碎长度合格率统计表

编号	离地高度（mm）	刀辊转速（r/min）	前进速度（m/s）	垄面秧蔓粉碎长度合格率F(%)			平均值F(%)
1	20	1 800	0.50	93.9	94.1	93.6	93.9
2	20	1 800	0.55	93.5	94.1	92.3	93.3
3	20	1 800	0.60	92.2	93.6	92.1	92.6
4	20	1 800	0.65	89.6	91.8	92.1	91.2
5	20	1 800	0.70	90.6	87.8	91.1	89.8

表5.5 垄顶留茬平均高度统计表

编号	离地高度（mm）	刀辊转速（r/min）	前进速度（m/s）	垄顶留茬高度H(mm)			平均值H(mm)
1	20	1 800	0.50	46	44	63	51
2	20	1 800	0.55	64	48	53	54
3	20	1 800	0.60	68	50	56	58
4	20	1 800	0.65	64	68	63	65
5	20	1 800	0.70	74	79	66	73

表5.6 方差分析

方差来源		平方和	df	均方	F	显著性水平
F	组间	32.509	4	8.127	6.126	0.009
	组内	13.267	10	1.327		
	总和	45.776	14			

（续表）

方差来源		平方和	df	均方	F	显著性水平
h	组间	909.600	4	227.400	3.668	0.043
	组内	620.000	1	62.600		
	总和	1 529.600	14			

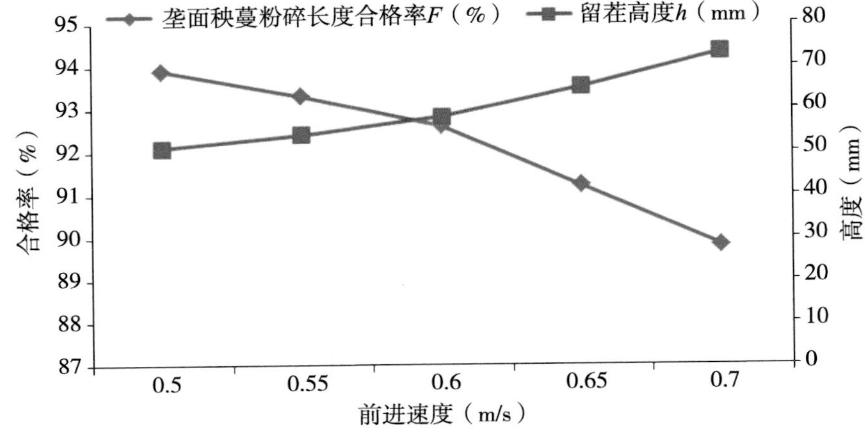

图5.29　前进速度对各指标的影响

②刀辊转速对作业质量的影响。

a. 试验方案。将机具前进速度设定为0.6m/s，刀辊中间甩刀刀尖离地高度定为20mm，刀辊转速取1 600r/min、1 700r/min、1 800r/min、1 900r/min、2 000r/min。试验时，机具每垄工作20m，去掉开头和结尾的5m，在中间工作稳定区10m区域内选三点测量甘薯秧蔓粉碎的各项指标，研究碎蔓机刀辊转速和粉碎作业效果之间的关系。

b. 试验结果及分析。根据上述试验方案进行田间试验，得到刀辊在不同转速下垄面薯蔓粉碎长度合格率、垄顶留茬平均高度，结果统计如表5.7和表5.8所示。用SPSS软件和Excel软件分别对刀辊在不同转速下对作业质量影响进行单因素方差分析，结果如表5.9所示。由分析结果可知刀辊转速对垄面秧蔓粉碎长度合格率高度显著，对垄顶留茬高度作用显著。

综合试验结果分析可知，随着刀辊速度增大，秧蔓粉碎长度合格率呈逐渐上升趋势，垄顶留茬高度呈下降趋势。随着刀辊速度增加，单位时间内秧蔓被击打的次数增加，同时刀辊高速转动产生的负压也增大，被打断的碎蔓更容易在负压作用下被吸入粉碎室，另外由于刀辊转速增大，则甩刀的线速度也增加，甩刀对秧蔓的剪切力也增大，因此甘薯秧蔓粉碎合格率随着刀辊转速增加而增大，垄顶留茬高度随着刀辊转速增加而降低，影响趋势见图5.30所示。

表5.7　垄面薯蔓粉碎长度合格率统计表

编号	离地高度（mm）	前进速度（m/s）	刀辊转速（r/min）	垄面秧蔓粉碎长度合格率F（%）			平均值（%）
1	20	0.60	1 600	90.3	89.5	91.2	90.3
2	20	0.60	1 700	92.0	91.6	91.4	91.7
3	20	0.60	1 800	92.2	93.6	92.1	92.6
4	20	0.60	1 900	93.7	94.0	92.1	93.3
5	20	0.60	2 000	94.5	93.3	94.4	94.1

表5.8　垄顶留茬平均高度统计表

编号	离地高度（mm）	前进速度（m/s）	刀辊转速（r/min）	垄顶留茬高度h（mm）			平均值（mm）
1	20	0.60	1 600	63	80	73	72
2	20	0.60	1 700	68	58	66	64
3	20	0.60	1 800	68	50	56	58
4	20	0.60	1 900	62	55	49	55
5	20	0.60	2 000	46	54	56	52

表5.9　方差分析

方差来源		平方和	df	均方	F	显著性水平
F	组间	25.176	4	6.294	10.467	0.001
	组内	6.013	10	0.601		
	总和	31.189	14			
h	组间	748.267	4	187.067	3.663	0.044
	组内	510.667	1	51.067		
	总和	1 528.933	14			

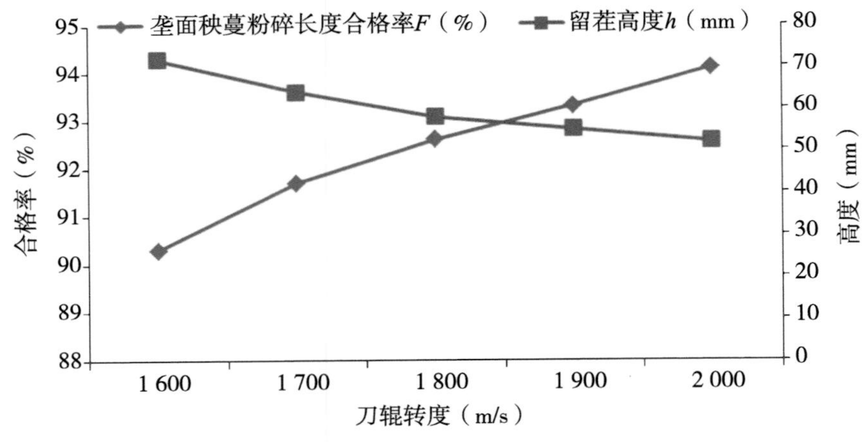

图5.30　刀辊转速对各指标的影响

③甩刀离地高度对作业质量的影响。

a. 试验方案。将机具前进速度设定为0.6m/s，刀辊转速设定为1 800m/s，刀辊中间甩刀刀尖离地高度分别取10mm、15mm、20mm、25mm、30mm。试验时，机具每垄工作20m，去掉开头和结尾的5m，在中间工作稳定区10m区域内选三点测量甘薯秧蔓粉碎的各项指标，研究甩刀离地高度和粉碎作业效果之间的关系。

b. 试验结果及分析。根据上述试验方案进行田间试验，得到在甩刀不同的离地高度下垄面薯蔓粉碎长度合格率、垄顶留茬平均高度，结果统计如表5.10和表5.11所示。用SPSS软件和Excel软件分别对甩刀在不同离地高度下对作业质量影响进行单因素方差分析，结果如表5.12所示。由结果分析可知甩刀离地高度对垄面秧蔓粉碎长度合格率和垄顶留茬高度作用极显著。

综合实验结果分析可知，随着甩刀离地高度的减小，秧蔓粉碎长度合格率呈逐渐上升趋势，垄顶留茬高度呈明显下降趋势。随着甩刀离地高度减少，秧蔓被击打的部分也增多，留茬部分会变短；另外随着离地高度的降低，罩壳与垄之间的间隙变小，其形成的空间密闭性随着提高，则产生的负压也增大，被打断的碎蔓更容易在负压作用下被吸入粉碎室，因此甘薯秧蔓粉碎合格率随着甩刀离地高度的减小而增大，垄顶留茬高度随着甩刀离地高度的减小而降低，其影响趋势见图5.31所示。

表5.10 垄面薯蔓粉碎长度合格率统计表

编号	刀辊转速（r/min）	前进速度（m/s）	离地高度（mm）	垄面薯蔓长度合格率F（%）			平均值（%）
1	1 800	0.60	30	91.2	88.3	90.6	88.0
2	1 800	0.60	25	90.5	91.2	92.5	89.4
3	1 800	0.60	20	92.2	93.6	92.1	92.6
4	1 800	0.60	15	94.2	92.1	92.7	93.0
5	1 800	0.60	10	94.3	93.6	92.8	93.6

表5.11　垄顶留茬平均高度统计

编号	刀辊转速（r/min）	前进速度（m/s）	离地高度（mm）	垄顶留茬高度h（mm）			平均值（mm）
1	1 800	0.60	30	72	71	80	74
2	1 800	0.60	25	65	71	62	66
3	1 800	0.60	20	68	50	56	58
4	1 800	0.60	15	57	46	57	53
5	1 800	0.60	10	45	46	32	41

表5.12　方差分析

方差来源		平方和	df	均方	F	显著性水平
F	组间	24.009	4	6.002	5.166	0.016
	组内	11.629	10	1.162		
	总和	35.629	14			
h	组间	1 920.400	4	480.100	10.407	0.001
	组内	461.333	10	46.133		
	总和	2 381.733	14			

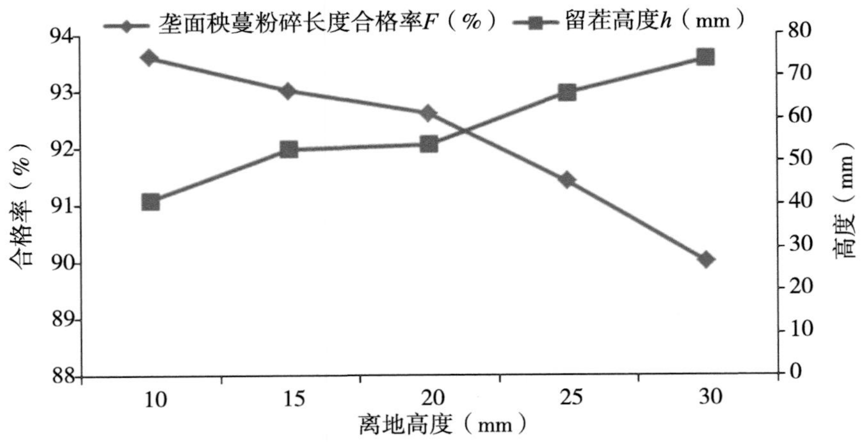

图5.31　离地高度对各指标的影响

（2）影响整机作业质量的正交试验。通过上述单因素试验可知，1JHSM-900型悬挂式薯蔓粉碎还田机工作参数中机具前进速度、刀辊转速和甩刀离地高度对机具作业质量都起着显著作用，下面通过正交试验确定影响两个指标的主次因素及工作参数的最优组合。

①试验方案及结果。本试验在单因素试验基础上，以垄面薯蔓长度合格率和垄顶留茬高度为主控指标，将机具前进速度、刀辊转速和甩刀离地高度这三个显著影响指标的因素进行三因素三水平正交试验，各因素水平设置如表5.13所示，考虑各因素之间的交互作用，选取L_{27}正交表的试验方案进行试验。方案及结果如表5.14所示。

表5.13　正交试验因素与水平表

水平	因素		
	A前进速度（m/s）	B刀辊转速（r/min）	C离地高度（mm）
1	0.7	1 600	10
2	0.6	1 800	20
3	0.5	2 000	30

表5.14　试验方案和试验结果

试验号	因素													薯蔓长度合格率F（%）	留茬高度H（mm）
	A	B	A×B		C	A×C		B×C		空列					
1	1	1	1	1	1	1	1	1	1	1	1	1	1	89.5	66
2	1	1	1	1	2	2	2	2	2	2	2	2	2	88.9	72
3	1	1	1	1	3	3	3	3	3	3	3	3	3	87.4	74

（续表）

试验号	因素													薯蔓长度合格率F（%）	留茬高度H（mm）
	A	B	A×B		C	A×C		B×C		空列					
4	1	2	2	2	1	1	1	2	3	2	2	3	3	91.1	63
5	1	2	2	2	2	2	2	3	1	3	3	1	1	89.8	73
6	1	2	2	2	3	3	3	1	2	1	1	2	2	89.6	74
7	1	3	3	3	1	1	1	3	2	3	3	2	2	92.9	52
8	1	3	3	3	2	2	2	1	3	1	1	3	3	92.5	59
9	1	3	3	3	3	3	3	2	1	2	2	1	1	91.2	67
10	2	1	2	3	1	2	3	1	1	2	3	2	3	90.8	68
11	2	1	2	3	2	3	1	2	2	3	1	3	1	90.3	72
12	2	1	2	3	3	1	2	3	3	1	2	1	2	89.2	75
13	2	2	3	1	1	2	3	2	3	3	1	1	2	91.6	41
14	2	2	3	1	2	3	1	3	1	1	2	2	3	92.6	58
15	2	2	3	1	3	1	2	1	2	2	3	3	1	88.0	74
16	2	3	1	2	1	2	3	3	2	1	2	3	1	94.4	49
17	2	3	1	2	2	3	1	1	3	2	3	1	2	94.1	52
18	2	3	1	2	3	1	2	2	1	3	1	2	3	92.9	59
19	3	1	3	2	1	3	2	1	1	3	2	3	2	93.2	49
20	3	1	3	2	2	1	3	2	2	1	3	1	3	93.0	57
21	3	1	3	2	3	2	1	3	3	2	1	2	1	91.7	68
22	3	2	1	3	1	3	2	2	3	1	3	2	1	94.8	47

（续表）

试验号	因素													薯蔓长度合格率F（%）	留茬高度H（mm）
	A	B	A×B		C	A×C		B×C		空列					
23	3	2	1	3	2	1	3	3	1	2	1	3	2	93.9	51
24	3	2	1	3	3	2	1	1	2	3	2	1	3	90.2	63
25	3	3	2	1	1	3	2	3	2	2	1	1	3	95.8	48
26	3	3	2	1	2	1	3	1	3	3	2	2	1	94.1	50
27	3	3	2	1	3	2	1	2	1	1	3	3	2	93.3	59

②试验结果方差分析。对上述正交试验得到的结果用SPSS软件进行方差分析，来确定影响垄面薯蔓长度合格率和垄顶留茬高度主次因素以及因素的显著性。给定显著水平0.05，结果如表5.15所示。

表5.15　方差分析结果

源	因变量	Ⅲ型平方和	df	均方	F	显著性水平
校正模型	F	132.171①	18	7.343	4.002	0.026
	h	2 748.667②	18	152.704	6.048	0.007
截距	F	227 553.840	1	227 553.840	124 020.058	0.000
	h	101 200.333	1	101 200.333	4 007.934	0.000
A	F	37.254	2	18.627	10.152	0.006
	h	679.556	2	348.778	13.813	0.003
B	F	44.827	2	22.414	12.216	0.004
	h	709.556	2	354.778	14.051	0.002
C	F	41.956	2	20.978	11.433	0.005
	h	1 028.222	2	514.111	20.361	0.001

（续表）

源	因变量	Ⅲ型平方和	df	均方	F	显著性水平
A×B	F	4.095	4	1.024	0.558	0.700
	h	151.556	4	37.889	1.501	0.289
A×C	F	0.559	4	0.140	0.076	0.987
	h	80.889	4	20.222	0.801	0.557
B×C	F	3.479	4	0.870	0.474	0.754
	h	80.889	4	20.222	0.801	0.557
误差	F	14.679	8	1.835		
	h	202.000	8	25.250		
总计	F	227 700.690	27			
	h	104 151.000	27			
校正的总计	F	146.850	26			
	h	2 950.667	26			

注：①R^2=0.900（调整R^2=0.675）；②R^2=0.932（调整R^2=0.778）。

由表5.15分析可知，影响垄面薯蔓粉碎长度合格率和垄顶留茬高度的主次因素和显著性如下所示。

a. 显著性分析。因素A、B、C对垄面薯蔓粉碎长度合格率和垄顶留茬高度影响都非常显著，其他交互作用对垄面薯蔓粉碎长度合格率和垄顶留茬高度的影响不显著。

b. 主次因素分析。影响垄面薯蔓粉碎长度合格率的主次因素排序为：B>C>A，即刀辊转速>离地高度>前进速度。影响垄顶留茬高度的主次因素排序为：C>B>A，即离地高度>刀辊转速>前进速度。

③加权综合评分法确定最优参数组合。由方差分析结果可知，各因素对各指标影响的显著性和主次关系不同，为了综合各项指标，确定参数最优组合，使粉碎作业效果达到最佳，采用加权综合评分法对试验结果进行分析。去除清理甘薯秧蔓是为了便于后续甘薯收获机的挖掘作业，剩余长的残蔓过多会缠绕收获机甚至堵死收获机运转件，影响甘薯收获机的工作效率和顺畅性，同时还可能会对收获机造成损伤。另外，综合指标也要考虑工作效率，工作效率是随着机具前进速度增加而增大，将机具稳定工作状态下行走10m所需时间T作为考核指标添加到综合指标中去，综合考虑各指标的重要程度，以100分作为总权，垄面薯蔓粉碎长度不合格率F'为40分，垄顶留茬高度h为30分，10m通过时间T为30分，另外为了加权综合指标的计算需要将薯蔓粉碎长度合格率改为薯蔓粉碎长度不合格率，使各项指标有同一趋势，处理后的数据如表5.16所示，加权综合指标Z可用式（5.4）计算：

$$Z_i = \sum_{j=1}^{r} W_j \frac{y_{ij}}{y_{j\max}} \tag{5.4}$$

式中，Z_i为第i组试验的加权评分指标计算值，i=1，2，3，…，27；W_j为第j个指标的“权”值，j=1，2，3，其中W_1=40，W_2=30，W_3=30；y_{ij}为第一组试验中第j个指标，其中y_{1j}为垄面薯蔓粉碎长度不合格率，y_{2j}为垄顶留茬高度，y_{3j}为10m通过时间；$y_{j\max}$为所有27组试验中，第j个指标的最大值。

将各参数数据代入公式计算加权综合指标Z的结果如表5.17所示。

表5.16 处理后数据

试验号	因素													薯蔓长度不合格率F'（%）	留茬高度h（mm）	10m通过时间T（s）
	A	B	A×B		C	A×C		B×C		空列						
1	1	1	1	1	1	1	1	1	1	1	1	1	1	10.5	66	14.3
2	1	1	1	1	2	2	2	2	2	2	2	2	2	11.1	72	14.3
3	1	1	1	1	3	3	3	3	3	3	3	3	3	12.6	74	14.3
4	1	2	2	2	1	1	1	2	3	2	2	3	3	8.9	63	14.3
5	1	2	2	2	2	2	2	3	1	3	3	1	1	10.2	73	14.3
6	1	2	2	2	3	3	3	1	2	1	1	2	2	10.4	74	14.3
7	1	3	3	3	1	1	1	3	2	3	3	2	2	7.1	52	14.3
8	1	3	3	3	2	2	2	1	3	1	1	3	3	7.5	59	14.3
9	1	3	3	3	3	3	3	2	1	2	2	1	1	8.8	67	14.3
10	2	1	2	3	1	2	3	1	1	2	3	2	3	9.2	68	16.7
11	2	1	2	3	2	3	1	2	2	3	1	3	1	9.7	72	16.7
12	2	1	2	3	3	1	2	3	3	1	2	1	2	10.8	75	16.7
13	2	2	3	1	1	2	3	2	3	3	1	1	2	8.4	41	16.7
14	2	2	3	1	2	3	1	3	1	1	2	2	3	7.4	58	16.7
15	2	2	3	1	3	1	2	1	2	2	3	3	1	12	74	16.7
16	2	3	1	2	1	2	3	3	2	1	2	3	1	5.6	49	16.7
17	2	3	1	2	2	3	1	1	3	2	3	1	2	5.9	52	16.7
18	2	3	1	2	3	1	2	2	1	3	1	2	3	7.1	59	16.7
19	3	1	3	2	1	3	2	1	1	3	2	3	2	6.8	49	20

（续表）

试验号	因素													薯蔓长度不合格率F'（%）	留茬高度h（mm）	10m通过时间T（s）
	A	B	A×B		C	A×C		B×C		空列						
20	3	1	3	2	2	1	3	2	2	1	3	1	3	7.0	57	20
21	3	1	3	2	3	2	1	3	3	2	1	2	1	8.3	68	20
22	3	2	1	3	1	3	2	2	3	1	3	2	1	5.2	47	20
23	3	2	1	3	2	1	3	3	1	2	1	3	2	6.1	51	20
24	3	2	1	3	3	2	1	1	2	3	2	1	3	9.8	63	20
25	3	3	2	1	1	3	2	3	2	2	1	1	3	4.2	48	20
26	3	3	2	1	2	1	3	1	3	3	2	2	1	5.9	50	20
27	3	3	2	1	3	2	1	2	1	1	3	3	2	6.7	59	20

表5.17 加权综合评分结果

试验号	因素													综合指标Z
	A	B	A×B		C	A×C		B×C		空列				
1	1	1	1	1	1	1	1	1	1	1	1	1	1	80.2
2	1	1	1	1	2	2	2	2	2	2	2	2	2	85.9
3	1	1	1	1	3	3	3	3	3	3	3	3	3	91.5
4	1	2	2	2	1	1	1	2	3	2	2	3	3	73.9
5	1	2	2	2	2	2	2	3	1	3	3	1	1	81.9
6	1	2	2	2	3	3	3	1	2	1	1	2	2	82.9
7	1	3	3	3	1	1	1	3	2	3	3	2	2	64.0
8	1	3	3	3	2	2	2	1	3	1	1	3	3	68.0

（续表）

试验号	因素													综合指标Z
	A	B	A×B		C	A×C		B×C		空列				
9	1	3	3	3	3	3	3	2	1	2	2	1	1	75.2
10	2	1	2	3	1	2	3	1	1	2	3	2	3	80.4
11	2	1	2	3	2	3	1	2	2	3	1	3	1	83.5
12	2	1	2	3	3	1	2	3	3	1	2	1	2	87.4
13	2	2	3	1	1	2	3	2	3	3	1	1	2	67.5
14	2	2	3	1	2	3	1	3	1	1	2	2	3	70.8
15	2	2	3	1	3	1	2	1	2	2	3	3	1	91.6
16	2	3	1	2	1	2	3	3	2	1	2	3	1	61.7
17	2	3	1	2	2	3	1	1	3	2	3	1	2	63.8
18	2	3	1	2	3	1	2	2	1	3	1	2	3	70.3
19	3	1	3	2	1	3	2	1	1	3	2	3	2	70.4
20	3	1	3	2	2	1	3	2	2	1	3	1	3	74.1
21	3	1	3	2	3	2	1	3	3	2	1	2	1	82.5
22	3	2	1	3	1	3	2	2	3	1	3	2	1	64.6
23	3	2	1	3	2	1	3	3	1	2	1	3	2	69.0
24	3	2	1	3	3	2	1	1	2	3	2	1	3	85.3
25	3	3	2	1	1	3	2	3	2	2	1	1	3	61.8
26	3	3	2	1	2	1	3	1	3	3	2	2	1	68.0
27	3	3	2	1	3	2	1	2	1	1	3	3	2	74.0

对综合评分结果进行方差分析，结果如表5.18所示。由表5.18可

知，因素A、B、C对综合指标影响都非常显著。影响1JHSM–900型悬挂式薯蔓粉碎还田机作业综合指标的主次因素为B=C>A，即刀辊转速=甩刀离地高度>前进速度。对综合指标直观分析可知，最优参数组合为第16组A2B3C1，即前进速度0.6m/s、刀辊转速2 000r/min，甩刀离地高度10mm。此时垄面薯蔓粉碎长度合格率为94.4%、垄顶留茬高度为49.0mm、前行速度为1.67m/s（纯生产率为8.12亩/h）。

表5.18　综合评分方差分析结果

源	因变量	Ⅲ型平方和	df	均方	F	显著性水平
校正模型	Z	2 084.287①	18	115.794	9.666	0.001
截距	Z	152 656.001	1	152 656.001	12 743.655	0.000
A	Z	160.814	2	80.407	6.712	0.019
B	Z	945.254	2	472.627	39.455	0.000
C	Z	773.081	2	386.540	32.268	0.000
A×B	Z	101.690	4	25.423	2.122	0.170
A×C	Z	36.890	4	9.223	0.770	0.574
B×C	Z	66.557	4	16.639	1.389	0.320
误差	Z	95.832	8	11.979		
总计	Z	154 836.120	27			
校正的总计	Z	2 180.119	26			

注：①R^2=0.956（调整R^2=0.857）。

5.6　研究结论

（1）研究设计的1JHSM–900型悬挂式薯蔓粉碎还田机与18.4～22.1kW四轮拖拉机三点悬挂连接配套，作业幅宽900mm，能一次完成挑秧、切蔓、粉碎、还田作业，研发的防刀片磨损结构、“动套静”防缠绕、靴形垄沟挑秧粉碎、仿垄座内腔二次粉碎、异形刀组配碎蔓等关键技术，有效解决了薯蔓易缠绕阻塞刀辊、秧蔓粉碎率低、垄顶留茬长、伤薯率高、垄沟残蔓多、垄沟需二次清理等问题，提高了碎蔓机作业效果和作业顺畅性。

（2）综合分析国内外先进技术，采用Pro/E、运动学仿真、有限元分析和SPSS分析软件对1JHSM-900型悬挂式薯蔓粉碎还田机进行设计研究，并对该机刀辊的动平衡性、刀辊刀轴的振动模态进行分析优化设计，通过分析结果表明，刀辊的设计符合设计要求，保证了1JHSM-900型悬挂式薯蔓粉碎还田机工作的稳定性、可靠性和安全性。

（3）对垄面薯蔓粉碎长度合格率影响的主次因素排序为：刀辊转速>甩刀离地高度>前进速度。对垄顶留茬高度影响的主次因素排序为：甩刀离地高度>刀辊转速>前进速度。

（4）影响1JHSM-900型悬挂式薯蔓粉碎还田机作业综合指标的主次因素为：刀辊转速=甩刀离地高度>前进速度。

（5）1JHSM-900型悬挂式薯蔓粉碎还田机最优工作参数组合：前进速度0.6m/s，刀辊转速2 000r/min，甩刀离地高度10mm，此时垄面薯蔓粉碎长度合格率为94.4%、垄顶留茬高度为49.0mm、前行速度为1.67m/s（纯生产率为8.12亩/h）。

5.7 推广应用情况

1JHSM-900型悬挂式薯蔓粉碎还田机专利权人“农业部南京农业机械化研究所”以该专利技术先后与“徐州龙华农业机械科技发展有限公司”“四川川龙拖拉机制造有限公司”“南通富来威农业装备有限公司”等农机行业骨干企业开展合作，产品已在江苏、河南、山东、安徽、四川、河北、北京、湖北、江西等20余省份试验示范和推广应用，并增补进入《2013—2015年江苏省支持推广的农业机械产品目录》和《2012—2014年国家支持推广的农业机械产品目录》，较好地满足了我国甘薯的生产需求。

该技术产品荣获“2015年度江苏机械工业专利奖优秀奖”，作为重要研究内容之一的研发成果，获“2017年度江苏省科学技术二等奖”，有力地支撑了甘薯产业健康发展。以此专利技术为基础，先后又研发出适合丘陵山区使用的1JSW-600型步行式薯蔓粉碎还田机和适合平原缓坡地大规模生产的1JHSM-1800型一次两垄大型宽幅甘薯碎蔓还田机，逐步形成满足不同生产规模、地理自然条件需求的系列产品。该型产品适应性广、作业性能稳定，对解决甘薯生产急需、保障农民增收、促进产业健康发展、保障国家粮食安全具有重要意义。

6 4GSL-1型自走式甘薯联合收获机研究设计

针对目前我国甘薯生产中以分段收获机作业为主，存在作业效率较低、用工多、人工成本高等问题，而自走式甘薯联合收获技术及装备具有作业集成度高、效率高、辅助用工少，并利于减轻劳动强度和抢农时等特点，是我国甘薯机械化收获发展的重要方向之一，本章节主要开展4GSL-1型自走式甘薯联合收获机的研究设计。

6.1 设计方案、整机结构及工作原理

6.1.1 整机设计方案

自走式甘薯联合收获技术装备是相对比较复杂的机型，研究制订合理的技术路线和整机设计方案比较重要。

甘薯联合收获时，先挖掘薯块，然后需实现土块、石块、茎叶、杂草、薯块的分离，达到清选目的，重点是要实现残秧薯拐与薯块的自动分离，并较少地损伤薯块。结合我国甘薯种植国情，重点考虑生产效率、操作人数、机器重量、允许的破皮损伤及损失、杂质含量、薯块用途（粉用或鲜食、种薯）等因素，以生产种植面积超过60%的粉用型甘薯为收获对象，以"重视薯杂分离、尽量减少损伤"为主要思路，在装备整体设计中加强薯土、薯秧、杂质等输送分离性能设计，减少人工用量。

甘薯联合收获机设计首先需要确定收获工艺流程，为此研究提

出整机收获流程设计方案：挖掘—捡拾—输送—薯土分离—薯秧分离—人工清选—集薯，机型为履带自走式，一次收获一垄。具体设计方案如表6.1所示。

表6.1　自走式甘薯联合收获机具体设计方案

主要环节	关键技术	类型	关键设计参数
挖掘起薯	限深	①液压限深；②垄顶仿形限深；③垄顶橡胶轮限深；④垄侧引导轮限深	限深超前值；压力；按垄型参数设计
	挖掘	被动式和主动式，被动式又分为若干种；挖掘铲形式	长度、高度和角度的最佳值；挖掘铲横剖面；挖掘作业幅宽
	圆盘切刀	平板	直径、配置距离、安装方式
	秧蔓分离器	被动式	安装位置、齿状、直径
输送与薯土分离、薯秧分离	第一级分离	链杆式、皮带杆条式	杆条间距、杆条直径、倾角、端部和中间连接形式、运行参数、过筛面积
	抖动轮	主动和被动，被动分为三种，选择其中一种	距前端距离；振动频率、振幅、布置个数
	附件设计	张紧、安全离合器或安全装置、密封装置、入口导槽、助推板等	
	薯秧分离	装在第一级分离后边或与第一级配合使用；强制分离	分离结构、转速、夹持间隙
	第二级提升输送	链杆+刮板+输送链	杆条间距、杆条直径、倾角、端部和中间连接形式、运行参数、提升板形式
捡拾台	两侧分选台	可折叠式或不可折叠	按照人机工程学原理设计；可站4～5人
集薯	集中收集	装袋型或装筐卸筐型	落薯高度、抛落速度、装袋容积等

6.1.2 整机结构

设计的4GSL-1型自走式甘薯联合收获机以优质、高效、低损、多功用为主控目标，通过优化结构形式、结构参数、运动参数和组配方式，重点攻克与优化了模块化结构、仿形镇压限深、低损耐磨挖掘、浮动防缠绕侧切藤草、低损薯土分离、弹性摘辊式薯秧分离、可调式三段提升输送、薯块顺畅交接、薯块多通道高效分选及集薯等关键技术。该机主要由履带自走底盘、传动系统、机架、限深机构、挖掘装置、输送分离机构、薯秧分离机构、弧栅交接机构、提升输送机构、清选台、输土装置、集薯机构等构成，其基本结构和三维图如图6.1、图6.2所示。该机主要结构参数及技术参数如表6.2所示。

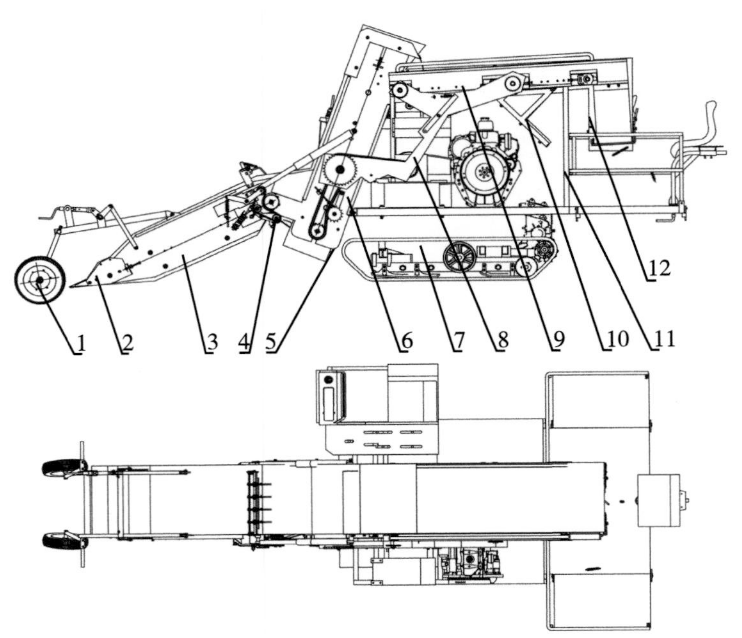

1—限深机构；2—挖掘装置；3—输送分离机构；4—薯秧分离机构；5—弧栅交接机构；6—提升输送机构；7—履带底盘；8—传动系统；9—清选台；10—输土装置；11—机架；12—集薯机构。

图6.1 4GSL-1型自走式甘薯联合收获机结构示意图

图6.2 4GSL-1型自走式甘薯联合收获机三维图

表6.2 自走式甘薯联合收获机主要技术参数

序号	项目名称		参数
1	配套发动机	额定功率（kW）	65
		额定转速（r/min）	2 600
2	结构型式		履带自走式
3	适用作物		以甘薯为主，可兼收马铃薯等
4	作业幅宽（mm）		550
5	挖掘深度（mm）		≤300（可调）
6	最小离地间隙（mm）		240
7	挖掘铲型式		平面整体式
8	除残蔓薯拐装置型式		弹性摘辊式
9	接薯方式		接袋（箱）
10	限深装置型式		垄侧轮式或垄顶镇压辊式
11	薯土分离装置型式		皮带杆条

（续表）

序号	项目名称	参数
12	提升装置型式	托板式
13	清选台型式	平带人工清选或杆条清选+人工清选结合
14	变速方式	无级变速
15	驱动桥驱动方式	后轮驱动
16	驱动齿数（个）	8
17	驱动器型式	摩擦片式
18	履带轨距（mm）	900

6.1.3 工作原理

4GSL-1型自走式甘薯联合收获机可一次完成单垄甘薯的限深、挖掘、输送、薯土分离、去残藤、清选、集薯等作业工序，适合规模化种植生产，以收淀粉用甘薯为主，亦可收鲜食加工型甘薯。该机作业时，挖掘输送机构经液压装置驱动以一定角度入土挖掘，前端限深轮使挖掘铲入土深度在合理作业范围内，两侧圆盘切刀将垄沟中残藤、杂草切断，避免缠绕在联合收获输送侧板上，造成堵塞和薯块破损；被挖掘出的薯块和土块通过挖掘输送机构进行薯土分离，然后输送至薯秧分离机构，薯块顶部的残留藤蔓被链辊夹持机构强制去除，去除残藤后的薯块落入弧栅交接机构，进而通过二级提升输送机构将薯块提升输送到清选台上，清选台可进一步进行薯土分离，清选台两侧的人工进行少量辅助分离，剔除病残薯块，最后用集薯箱或编织袋兜住出料口完成集薯作业。

该机采用履带自走底盘，配套动力65kW，作业效率0.16～0.33hm^2/h，履带轨距为900mm，适合900mm种植垄距作业，以甘薯收获为主，更换薯土分离部件后亦可用于马铃薯收获，可实现一机多用，有效提高机具的经济性和实用性。

6.2 关键部件设计

6.2.1 仿形限深装置设计

仿形限深装置作用是保障挖掘铲在确定的深度范围进行薯垄挖掘作业，此深度应是可能的最小深度，尽可能最大限度地降低挖掘功耗，并引导挖掘部件在土垄中正常作业。最合适的挖掘深度是挖掘铲挖起的泥土量最少而且不产生挖伤薯和漏挖现象。挖掘铲的入土深度取决于甘薯在垄里的生长深度，一般为15～28cm不等。

一般情况下，甘薯的位置要比沟底高一些，生长在最深位置的甘薯其平均距离的标准偏差和测量的基准有关系，以垄顶作为测量基准测得平均距离的标准偏差最高，以沟底作为基准测得平均距离的标准偏差较低，以两沟底的连线为基准测量测得平均距离的标准偏差最低，以垄侧中心连线为基准测得平均距离的标准偏差介于沟底与两沟底连线之间。根据研究，两个仿形轮沿着沟底前进对挖掘铲的导向效果较好。但是由于此种限深会受已收获旁垄被筛下的土壤所覆盖影响，实际垄沟高度已发生变化，改变了仿形器的工作条件而使限深深度发生改变。以垄顶作为仿形基准，存在垄顶不平而导致仿形不稳定的缺点，但具有碎土和限深两个效果，设计时需要考虑辊子的压力值，将压碎土块仅限制在甘薯上部的土层，以防止压力过大而压伤土壤下边的薯块，并且需要合理设计仿形镇压辊相对于挖掘铲的前置值，以消除垄顶不平对挖掘铲入土的影响和利于挖掘物的流动。

以沟底作为仿形基准适合两垄以上的收获，收获时如果垄形保持完整一致，则采用垄侧中心连线为基准效果较好。综上所述，优先考虑采用以垄侧中心连线为基准或以垄顶为基准进行仿形限深。采用垄顶限深时，仿形镇压辊相对于挖掘铲的前置值的设计值应为甘薯种植株距的1.5倍，垂直载荷设计值为1 500～2 000N。采用垄侧中心连线限深时，应保证两限深轮开度可调，以适应不同垄形，两者限深均应保证垂直高度可调节。不同测量基准限深简图如图6.3所示，生产中部分典型限深装置的应用如图6.4所示。本机前期设计采用了两个仿形轮垄底限深挖掘技术，第二轮优化设计时采用了仿形镇压辊垄顶限深技术。

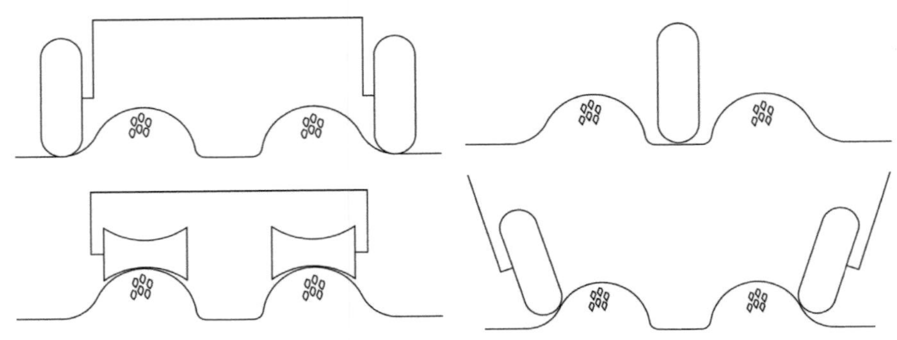

图6.3　不同的测量基准限深示意图

图6.4　典型的限深装置应用实例

6.2.2　挖掘装置设计

挖掘装置作用是随机具作业时，不断将包含薯块、土壤、残秧及其他杂质在内的薯垄切碎掘起，并顺利推送至后方输送分离装置上。在此过程中，应尽可能满足三个条件：一是使得薯垄松散、土壤松碎，以利于后续的分离；二是在保证不产生挖伤薯和漏挖的情况下，挖起的薯垄土壤应尽可能少，以降低挖掘阻力和为后续输送分离降低能量消耗，对提升整机作业效率、降低作业功耗有重要意义；三是挖起的薯垄应顺利沿着挖掘铲上升到一定高度，且避免壅土，到达输送分离机构后，薯垄从挖掘铲到输送分离机构交接通道必须畅通，不产生堆积堵塞。

在实际作业中，土壤类型、硬度和湿度等千差万别，要圆满完成上述任务非常困难，因此，生产中存在不同形式的挖掘铲。如图6.5所示，图6.5（a）为对称凹面三角形挖掘铲，适用多种土壤，安装倾角可在小范围变动，能使入土深度和阻力产生较大变动；图6.5（b）为带有分石栅的平铲，与图6.5（a）铲具有相同特点；图6.5（c）为带有分石栅和侧挡板的凹面铲，适用中等硬度土壤，在轻质土壤中易于堵塞，安装倾角较三角形挖掘铲有较大的变化范围；图6.5（d）为条形挖掘铲，安装倾角改变对捡拾量没有影响；图6.5（e）为带有辅助行间挖掘的平铲，适用多种土壤，与图6.5（a）铲特点相同。

根据挖掘铲是否有动力驱动，可分为主动式（一般指振动挖掘）、被动式（挖掘铲固定安装于机架上）、组合机械式；根据结构形式，挖掘铲可分为整体式和分开式的、单行的和多行的；根据几何形式，挖掘铲可分为三角形铲、尖形铲、凿形铲、平面铲、锹式铲、板式铲和槽式铲等；根据铲面不同，可分为整块和栅条状两种，其中栅条式又分为纵条式（间距小于薯块）和横条式。被动式挖掘铲结构简单，成本低，可靠性高，适应性强，但挖掘阻力较大，较易产生壅土堵塞、茎叶缠绕等现象。主动式沿着机器前进方向做往复运动，挖掘阻力较小，挖掘铲破垄效果好，输送和碎土能力强，适应性强，但因增加了振动载荷，交变高频惯性力作用对其自身及周边部件的结构材料和强度提出了更高要求，造成整机结构复杂、成本高等缺点。

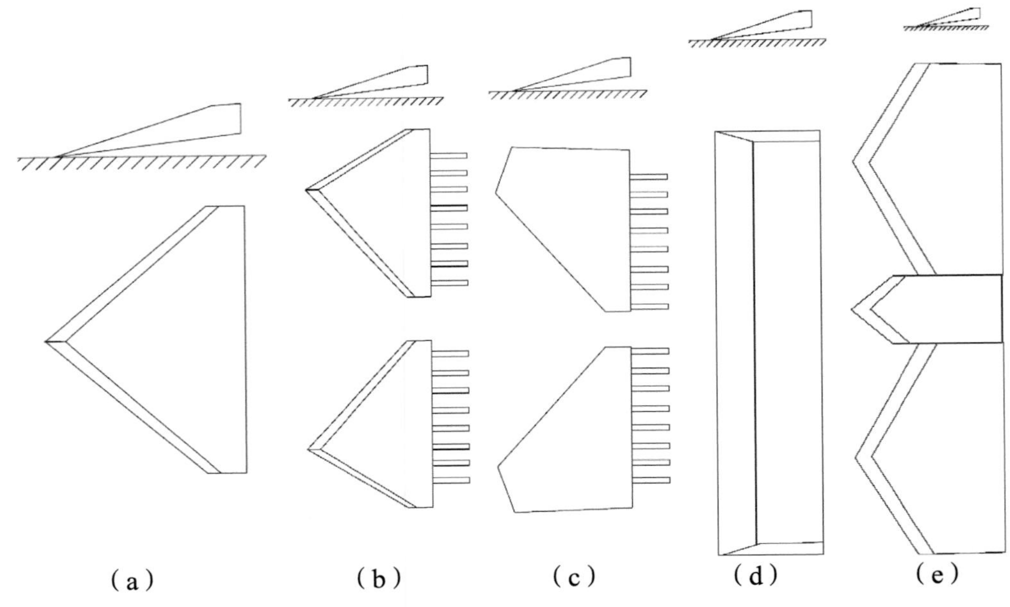

图6.5　不同形式典型的挖掘铲

一般情况下，整体式挖掘铲用在单行收获机上，宽度等于或小于垄距；分开式挖掘铲用在双行收获机上，若仅采用两个主铲，则杂物可能堵塞在两铲之间的空隙，造成壅土，因此在两个主铲之间加装一个宽度较小、位于两主铲之间的辅助铲，通过合理设计辅助铲与主铲配合尺寸及铲面角度，可实现自行清除残物，但由于甘薯残藤较多，韧性较强，即使采用分开式挖掘铲，还是会存在挂秧、壅土现象。

通过理论分析及多年甘薯挖掘收获机挖掘铲的研发试验和使用经验，自走式甘薯联合收获机挖掘铲结构采用被动式前部平面整体结构+尾部栅条结构组合型式。如图6.6所示。

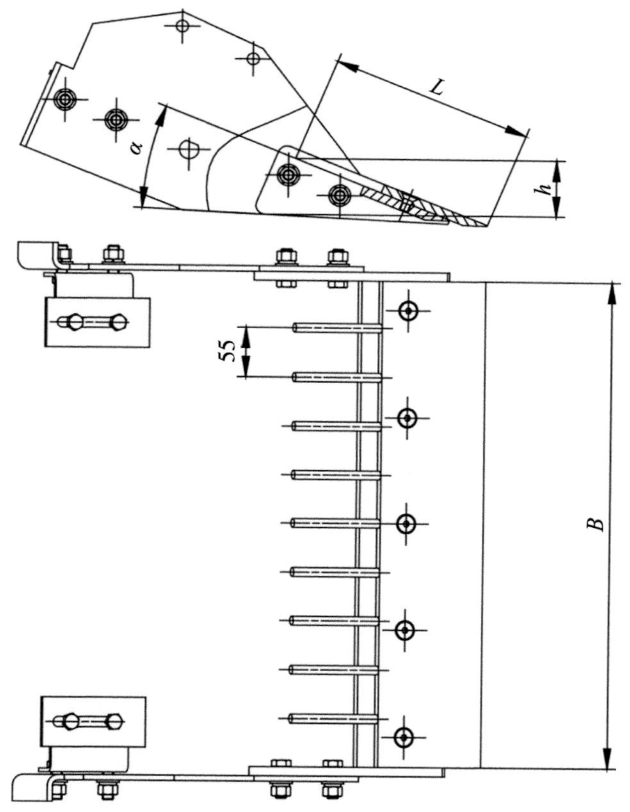

L—铲的长度，mm；B—铲的宽度，mm；h—铲的后端高度，mm；α—铲的倾角，°。

图6.6 甘薯联合收获挖掘装置（单位：mm）

设计挖掘铲时，应综合考虑挖掘铲在土中的速度、挖掘铲倾角以及土壤与金属表面摩擦系数等因素。根据经验和理论确定长度L、宽度B、高度h和角度α的最佳值。

（1）挖掘铲安装角度设计。掘起的薯垈沿挖掘铲铲面顺利滑动而不出现壅土的条件为：

$$\alpha<(90-p) \tag{6.1}$$

式中，α为挖掘铲安装角，°，p为土壤与金属的摩擦角（30°～36°）。

由式（6.1）可确定α的极限数值。前期大量的试验研究表明，甘薯联合收获机挖掘铲安装角应根据工作表面的长度，可在25°～32°范围内选取。当α小于25°时，挖掘的薯垡会连续整体沿着铲面运动，土壤不易松散破碎，对后续输送薯土分离造成较大困难。

安装角的理论值为：

$$\alpha = arctg\frac{P-\mu Q}{\mu P+Q} \tag{6.2}$$

如果α大于上述值，掘起的薯垡则壅堵挖掘铲上，造成作业不顺畅或薯垡被挤压至两侧散落，造成甘薯损失，因此设计时在挖掘铲的两侧预留挡板安装孔，以防止部分土壤条件下由于α值较高而所造成的薯块溢出损失。实际上，角度α由挖掘铲的疏松程度、土壤提升高度、装在挖掘铲后面的分离装置种类、薯垡从挖掘铲到分离装置所经的入口设计、土壤类型（较大的值适用于中等坚实土壤，而较小的值适用于沙质土壤）综合而定。由于该机在挖掘铲的两侧预留了挡板安装孔，可适当加大挖掘铲安装角，这样对沙质土壤收获和中等坚实土壤的收获条件、不同挖掘深度均具有较好的适应性。

（2）其他参数设计。挖掘铲的上缘距地面高度一般要大于10cm，这个高度能保证掘起的薯垡顺利地移向输送分离器。挖掘铲宽度必须大于结薯范围，以必须保证薯垡里每一个甘薯都被挖起，并防止从行间挖起过多的土壤。由甘薯结薯分布的最大宽度、分布宽度的平均值、分布宽度的偏差、甘薯栽插分布的直线性等因素来确定。对于单垄收获机来讲，幅宽应由单垄的垄底宽度确定，宽度不能过大，以防止垄沟过多的残秧带来缠绕等问题，自走式甘薯联合收获较为适合垄距为85～100cm，其垄底宽度一般不超过65cm，故综合各因素，挖掘铲宽度B设计为58cm。

6.2.3 输送分离机构设计

输送分离机构是甘薯联合收获机的关键核心部件，其作用是实现薯块与土壤、杂质的输送和分离，使其输送到输送链杆条与强制薯块残秧脱离机构的间隙处，而进入后续工序。输送分离结构如图6.7所示，主要由驱动装置、杆条系统、环形带、激振辊、从动托辊、松边托辊等组成。

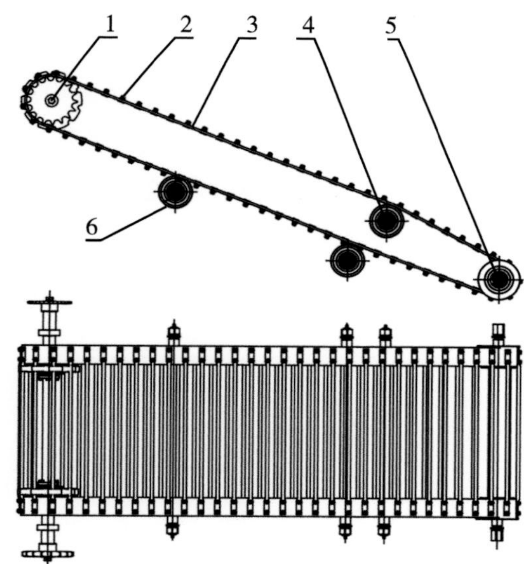

1—驱动装置；2—杆条系统；3—环形带；4—激振辊；5—从动托辊；6—松边托辊。

图6.7 输送分离机构

为了使薯块能够沿挖掘输送机构上斜面向后上方滑动而不倒滑，输送分离机构倾角β存在一临界最大值β_0，但β角也不能过小，否则会使输送机构过长。通过薯块在输送分离机构上的受力分析来确定倾角β的大小。当薯块在输送分离机构上处于临界值β_0时，受力分析如图6.8所示。

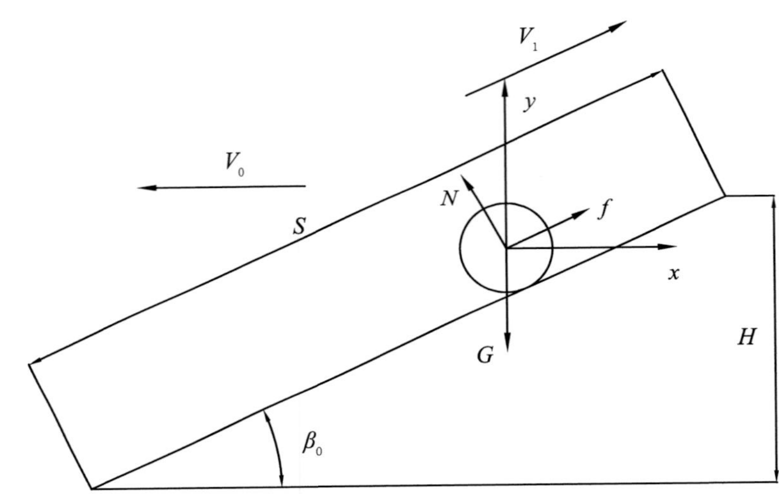

H—输送分离机构后端高度，mm；β_0—输送分离机构的倾角临界值，°；G—薯块重力，N；N—薯块受到的支持力，N；f—输送分离机构对薯块的摩擦力，N；V_0—机具前进速度，m/s；V_1—输送分离机构速度，m/s；S—输送分离机构长度，mm。

图6.8　输送分离机构上薯块受力示意图

由图可知：

$$G\sin\beta_0=f \tag{6.3}$$

$$G\cos\beta=G\cos\beta_0=N \tag{6.4}$$

$$\mu N=f \tag{6.5}$$

$$f-G\sin\beta=ma \tag{6.6}$$

式中，G为薯块重力，N；N为薯块受到的支持力，N；f为输送分离机构对薯块摩擦力，N；μ为薯块与输送分离机构之间的静摩擦因数，取μ=0.64；m为薯块的质量，kg；a为薯块在输送分离机构上的加速度，m/s^2。

由式（6.3）至式（6.5）可得，β_0=32.78°，β通过液压装置调节，取值为20°～29°。

并由式（6.4）至式（6.6）可得：

$$\mu g\cos\beta - g\sin\beta = a \tag{6.7}$$

式（6.7）中，g为重力加速度，取g=9.8m/s^2。由于薯块在输送分离机构上先匀加速再匀速运动，则：

$$\begin{cases} v_1 = at_1 \\ S = \dfrac{1}{2}at_1^2 + v_1 t_2 \end{cases} \tag{6.8}$$

式6.8中，v_1为薯块在输送分离机构上速度，m/s；t_1为薯块在输送分离机构上匀加速运动时间，s；t_2为薯块在输送分离机构上匀速运动时间，s；S为输送分离机构总长，mm；a为薯块在输送分离机构上的加速度，m/s^2。

在薯块输送过程中，当输送分离机构的输送速度较快时，会造成薯块损伤，因此，输送速度与甘薯联合收获机前进速度（v_0=1m/s）的比值应不小于1，即甘薯联合收获机前进速度应稍低于输送速度，即输送速度的范围可为1.0～1.3m/s；为了防止薯块过多的碰撞，薯块在输送分离机构上匀速运动时间一般小于5s，由式（6.7）至式（6.8）和β的取值范围可得输送分离机构的长度为334～3 009mm，根据机械加工工艺与田间工况设定输送分离机构的总长S=1 800mm。

$$H = S\sin\beta \tag{6.9}$$

式中，H为输送分离机构后端高度，mm；S为输送分离机构总长，mm；β为输送分离机构倾角，°。

由式6.9和β的取值范围可得H为616～900mm，根据机械加工工艺与田间工况确定H=660mm。根据输送杆条的设计要求，即应满足薯土分离、不伤薯、不漏小薯块等要求，选取输送杆条直径为10mm，输送杆条间距为40mm，输送杆条的输送轮直径为100mm，杆条表面套有橡胶。

6.2.4 薯秧强制分离机构设计

自走式甘薯联合收获机薯秧分离机构采用弹性杆条导入链杆槽辊对压式薯块残藤强制分离技术，采用杆条顶压辊、弹性杆条机构和槽形去秧辊相组配结构形式，其作业对象——甘薯株系是由薯秧（主要包括薯茎、薯叶、薯拐）、薯块等组成。薯秧强制分离原理和作业过程示意如图6.9所示，输送杆条升运链将来自挖掘装置的甘薯株系输送到杆条顶压辊后，在弹性曲型杆条的压持导引作用下，将产生进入杆条顶压辊与槽形去秧辊之间的运动趋势，由于薯块形体尺寸较大，无法进入杆条顶压辊与槽形去秧辊之间，而薯秧则长而细被杆条顶压辊与槽形去秧辊啮合夹持送进，随之而产生拉拽作用，与薯块实现分离，从而达到去除拐头残秧的目的，去除秧蔓之后的薯块将落到下级输送机构进入后续工序。

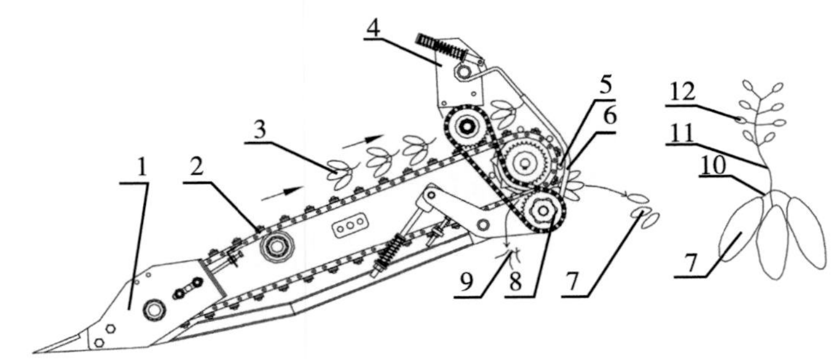

1—挖掘装置；2—输送杆条升运器；3—甘薯株系；4—弹性杆条机构；5—杆条顶压辊；6—弹性曲形杆条；7—薯块；8—槽形去秧辊；9—薯秧；10—薯拐；11—薯茎；12—薯叶。

图6.9 薯秧强制分离结构与作业原理

（1）去秧辊设计。去秧辊如图6.10所示，是薯秧分离机构的关键部件，由齿轮、轴盖、摘辊轴等组成。在分离过程中会有很多土、杂物从去秧辊处抛出，若选用带传动，杂物尤其是小石子容易跳到传动面，造成卡带、脱带，综合考虑加工成本与难易程度，选用链传动，制造相对简单，成本低，易安装。主传动轴通过链条将动力传递给去秧辊，转动方向与输送杆条转动方向相反，安装在输送杆条下层的下端且与输送杆条下层有一定间距，间距大小影响薯秧分离机构作业质量，间距参数需通过场地试验确定。去秧辊为旋转部件，若质量过大，惯性力会越大，对安装要求较高，且增大功耗，造成成本过高，因此将摘辊轴设计为空心轴，材料选为冷轧钢。此去秧辊外缘与输送杆条外缘应具有相同的线速度，由于输送杆条外缘及转速已由6.2.3节确定，所以计算得摘辊半径为41.8mm。

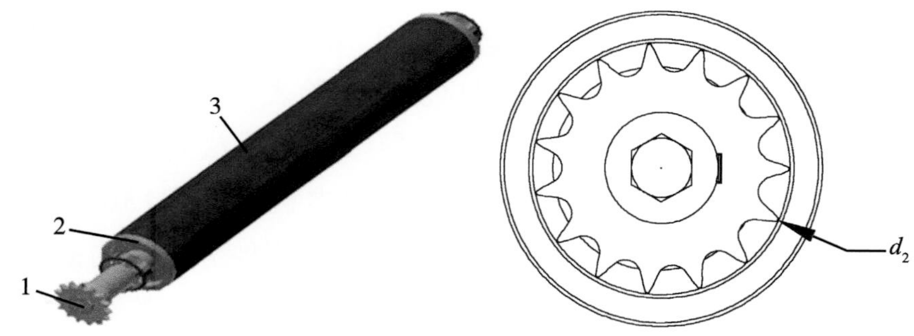

1—齿轮；2—轴盖；3—摘辊轴；d_2—摘辊轴齿轮直径（mm）。

图6.10 去秧辊

（2）摘辊轴与输送杆条下层间距参数确定。由薯秧分离机构作业原理可知，摘辊轴与输送杆条下层间距直接影响薯秧分离机构作业质量，为了探明合适的间距参数，开展场地试验以确定摘辊轴与输送杆条下层的间距参数。搭建薯秧分离机构试验台进行场地试验如图6.11所示，工作部件通过支撑架固定，由电机提供动力，在甘薯收获期选取一批带秧的甘薯样品。试验设备主要有试验台、转速表、电子秤、接薯器等。

图6.11　薯秧分离间距参数场地试验

摘辊轴与输送杆条下层间距大小通过调整去秧辊组件位置来完成设定，试验时将摘辊轴与输送杆条下层间距分别设定为2mm、4mm、6mm、8mm、10mm以开展试验（试验表明，两者间距设定小于2mm时，茎秆无法挤过两者间距，导致薯秧无法分离，所以间距设定最小值为2mm）。主传动轴转速通过电机调节为130r/min，每个间距参数在相同条件下做5次试验。人工从薯秧分离机构前端匀速喂入带秧甘薯。试验结束后，收集落下的甘薯并统计数据，依据公式记录并处理数据。

通过SPSS软件处理数据，试验结果如表6.3所示，当两者间距为2mm时，甘薯摘净率平均值为98.54%，标准差为0.763，损伤率平均值为2.39%，标准差为0.602；当间距为10mm时，甘薯摘净率平均值为90.08%，标准差为1.024，损伤率平均值为5.15%，标准差为0.936。由表6.3数据可知，甘薯摘净率随着两者的间距增加而降低，而损伤率一直增加，因此将摘辊轴与输送杆条下层间距设定为2mm时，薯茎分离效果更好。呈现这种规律是因为随着两者间距的增大，进入间隙内的薯茎受到的挤压力逐渐减弱，当仅靠摩擦力与摘辊轴惯性力分离，有时茎秆还未摘除就从间距挣脱，从而导致甘薯摘净率变低，同时由于薯秧分离的时间变长，甘薯与摘辊轴等部件摩擦接触时间变长，导致甘薯的薯皮、薯肉损伤增加。

表6.3 不同间距对评价指标影响结果

摘辊轴与输送杆条下层间距（mm）	摘净率平均值（%）	损伤率平均值（%）	摘净率标准差	损伤率标准差
2	98.54	2.39	0.763	0.602
4	97.11	2.78	0.771	0.645
6	95.86	4.13	0.802	0.811
8	93.23	4.97	0.896	0.897
10	90.08	5.15	1.024	0.936

（3）弹性曲形杆条组件设计。弹性曲形杆条组件由弹簧、安装板、安装轴、限位板、曲形杆条等组成，如图6.12所示。四根曲形杆条安装在轴上，可绕轴一定范围内自由转动，为确保甘薯顺畅通过曲形杆条，相邻曲形杆条的间距设定为114mm；曲形杆条将来自输送分离机构的带秧甘薯导入去秧辊和顶压辊之间，其结构形状由顶压辊和去秧辊共同确定。通过调节压紧弹簧的压缩量，可以方便地满足压秧力大小调节。弹性曲形杆条上套装软橡胶护套，减小了弹性曲形杆条与薯块的摩擦阻力，减少薯块破损，同时也可减少杆条作业中的直接磨损。

由薯秧分离机构分离完残秧后，薯块进入弧栅交接机构。通过独特的弧形设计，该机构可缓冲分离下落的薯块，使甘薯能平稳地进入提升输送部件，减小薯块损伤，采用栅条状弧形可进一步加强秧杂、土杂分离能力，可根据作业情况调整薯秧分离机构去秧辊与后续提升输送部件的组配参数，并带有自清理装置，可有效去除栅条上的挂秧和土。该机构作为挖掘输送机构、薯秧分离机构到提升输送部件的重要交接过渡部件，对保证整机作业顺畅性起到至关重要的作用。

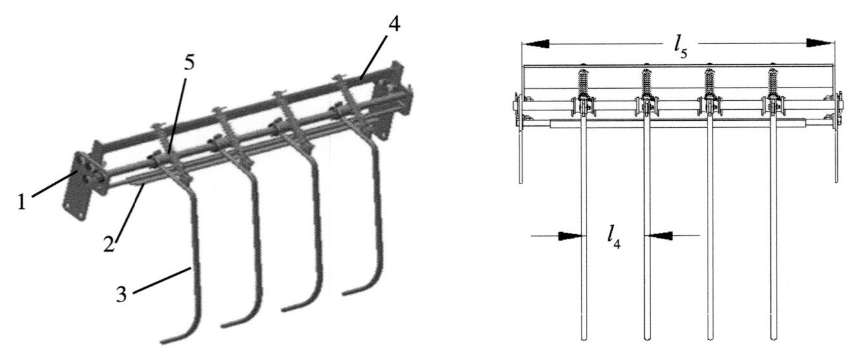

1—安装板；2—限位板；3—曲形杆条；4—安装轴；5—弹簧；
l_4—曲型杆条间距（mm）；l_5—两侧板间距（mm）。

图6.12　弹性曲型杆条组件

（4）薯秧分离部件与提升输送部件组配参数确定。弧栅交接机构由两侧板、连接耳、栅条状弧形板等组成，如图6.13所示。依据前期测量的甘薯秧茎杆直径、薯块大小，间距设计为55mm漏土效果为佳，栅条状弧形板与去秧辊交接处的平板折弯角可通过人力或辅以工具调节。由薯秧分离机构摘下的薯块落在栅条状弧形板的平板段，平板折弯角度过大或者过小，都会导致薯块在平板处上下跳动或快速落入弧栅交接机构底部而不能被提升输送刮板部件带走，或者影响与薯秧分离机构的分离效果。因此需要开展场地试验确定栅条状弧形板合理的折弯角度，在上述如图6.11所示的试验台上开展试验。

试验中栅条状弧形板折弯角度分别设定为135°、145°、155°、165°、175°来开展试验，每组参数在相同试验条件下做5次，人工从薯秧分离机构入口处匀速喂入物料。

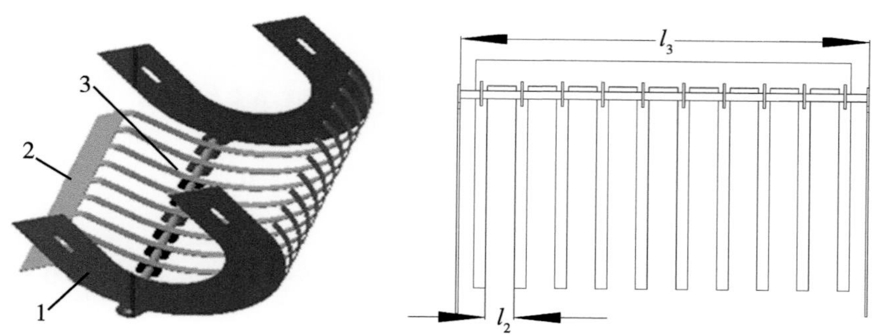

1—侧板；2—防护板；3—连接耳；

l_2—连接耳间距（mm）；l_3—两侧板间距（mm）。

图6.13　弧栅交接机构

试验结果如表6.4所示，当折弯角度为135°时，甘薯摘净率平均值为96.51%，标准差为0.274，损伤率平均值为4.37%，标准差为0.105；当折弯角度为175°时，甘薯摘净率平均值为96.09%，标准差为0.202，损伤率平均值为5.01%，标准差为0.124。随着栅条状弧形板折弯角度的增大，甘薯摘净率先增加后减小，损伤率先减小后增大，当折弯角度为155°时，甘薯摘净率达到最大，损伤率最小。呈现这种规律是因为当栅条状弧形板折弯角度较小时，摘下的甘薯无法由栅条状弧形板折弯角度进入提升输送机构上，当甘薯在栅条状弧形板堆积到一定程度时，部分进入摘辊组件处甘薯未能及时分离而直接被提升机构输送到下一级，造成摘净率低，甘薯堆积过多易被压伤挤伤，造成损伤率高。经过试验分析确定安装的栅条状弧形板折弯角度为155°。

表6.4　不同角度对评价指标影响结果

折弯角度（°）	摘净率平均值（%）	损伤率平均值（%）	摘净率标准差	损伤率标准差
135	96.51	4.37	0.274	0.105
145	97.13	3.78	0.251	0.154

（续表）

折弯角度（°）	摘净率平均值（%）	损伤率平均值（%）	摘净率标准差	损伤率标准差
155	98.88	2.56	0.203	0.112
165	97.95	3.84	0.298	0.179
175	96.09	5.01	0.202	0.124

6.2.5 提升输送机构设计

提升输送机构主要由弧栅交接机构、输送杆条、刮板、主动轮、张紧轮装置、滚子链、护板等组成，薯块放置在刮板上运送提升，也称刮板链提升输送机构，如图6.14所示。提升输送机构的作用是把经过输送机构分离后的薯块输送提升到后输送带上。

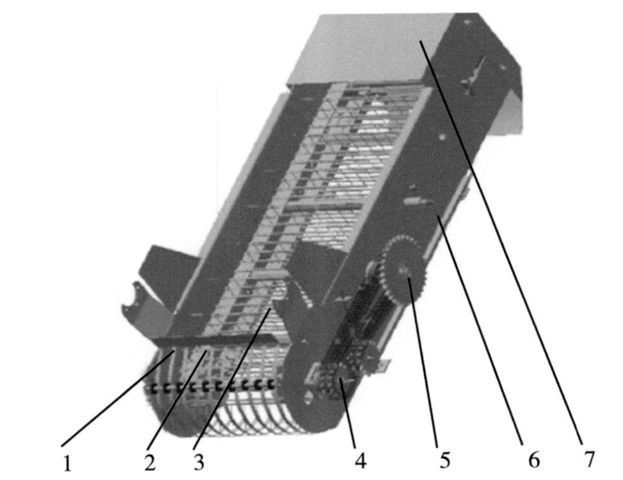

1—弧栅交接机构；2—输送杆条；3—刮板；4—主动轮；
5—张紧轮装置；6—滚子链；7—护板。

图6.14 提升输送机构

提升输送机构要能够快速顺畅地将来自前端作业部件的薯块带走且不伤薯，需要合理设计机构的安装倾角。以薯块为研究对象，薯块从输送分离机构最高点落入提升机构的运动可看作是具有一定初速度的抛物运动，以输送分离机构最高点为原点建立坐标系，如图6.15所示。

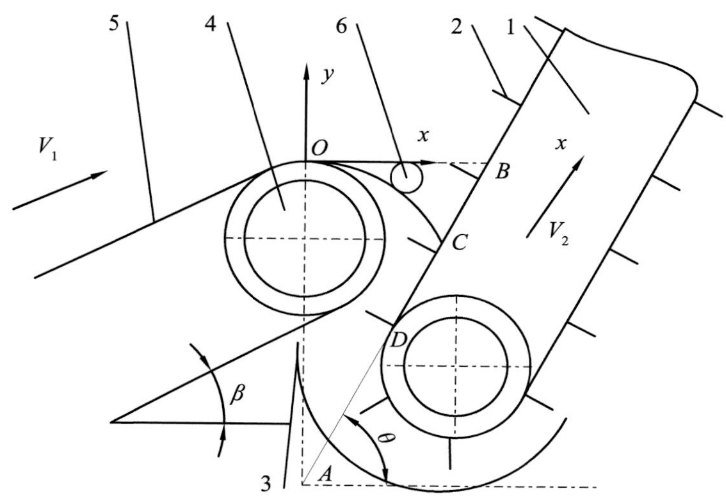

1—刮板链输送机构；2—刮板；3—弧栅交接机构；4—挖掘输送机构主动轮；5—挖掘输送机构；6—薯块；O—薯块做抛物运动的初始点；A—薯块与刮板链机构的交点；V_2—刮板链输送机构速度，m/s；β—挖掘输送机构的倾角，°；θ—刮板链输送机构的倾角，°。

图6.15 薯块抛物运动模型

如图6.15所示，薯块运动的参数方程为：

$$\begin{cases} x = v_1 t_3 \cos\beta \\ y = v_1 t_3 \sin\beta - \dfrac{1}{2} g t_3^2 \end{cases} \tag{6.10}$$

$$\tan\theta = \frac{y}{x} \tag{6.11}$$

式中，t_3为薯块抛出后运动时间，s。

由式（6.10）和式（6.11）可得，薯块从抛出到落到C点的时间t_3为：

$$t_3 = \frac{2v_1(\sin\beta - \cos\beta\tan\theta)}{g} \quad (6.12)$$

薯块落到刮板的瞬时速度为：

$$v = v_1\sqrt{1 - 4\cos\beta\sin\beta\tan\theta + 4\cos^2\beta\tan^2\theta} \quad (6.13)$$

根据前期试验可知刮板输送速度$v<0.72$m/s，因此$\theta>42°$，又因为提升输送机构过于直立会导致交接不畅，综合考虑底盘配置、整机长度等因素，取$\theta\leqslant 70°$。

为合理设计各参数，需测试单因素结构参数和运动参数对作业质量的影响，制作试验台开展相关试验，如图6.16所示，输送分离机构筛面线速度、提升输送机构速度和角度均可独立无级调节，后端有接料平台。该试验台可模拟田间单垄收获模式下甘薯联合收获机不同参数的作业过程，主要由机架、输送分离机构、提升输送机构、电机、调速变频器等组成。其他试验仪器主要包括卷尺（量程3m，精度1mm）、ICS465型电子台秤（量程50kg，精度0.02kg）、XJP-02A转速数字显示仪（量程1～9 999r/min，精度±0.02%）、多功能电子秒表、集薯箱等。

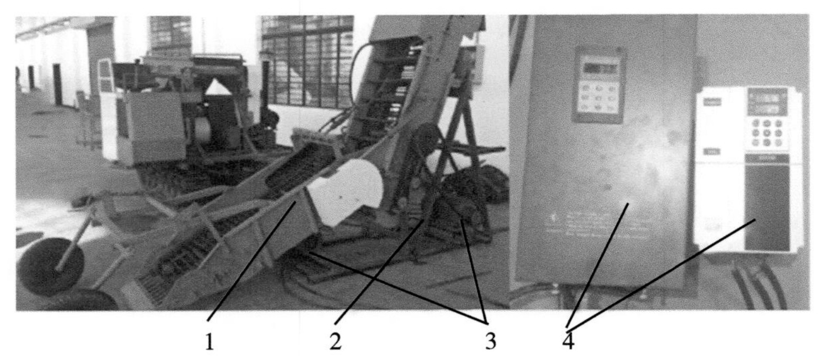

1—输送分离机构；2—台架；3—电机；4—变频器。

图6.16 提升输送试验台架

试验台主要技术参数如表6.5所示。

表6.5 试验台主要技术参数

项目	参数
外形尺寸（长×宽×高）（mm×mm×mm）	3 000×750×2 100
配套电机功率（转速）kW（r/min）	2.2（1 400）
变频器功率（kW）	0.75
适应于作业幅宽（mm）	0～550
适应于作业速度（m/s）	0.0～2.1

以薯块损失率Y_1和伤薯率Y_2作为试验作业评价指标，根据理论分析和试验，选取输送分离机构角度、提升输送角度、输送分离机构筛面线速度、提升输送线速度、刮板角度和弧栅安装距作为影响因素。输送分离机构角度围为20°～28°，提升输送角度范围为50°～70°，输送分离机构筛面线速度范围为0.10～0.13m/s，提升输送线速度范围为0.60～0.72m/s，刮板角度范围为70°～90°，弧栅安装距为10～50mm。试验因素与水平如表6.6所示。

表6.6 试验因素水平

水平	因素					
	输送分离机构角度X_1（°）	提升输送角度X_2（°）	输送分离机构筛面线速度X_3（m/s）	提升输送线速度X_4（m/s）	刮板角度X_5（°）	弧栅安装距X_6（mm）
1	20	50	1.00	0.60	70	10
2	22	55	1.08	0.63	75	20
3	24	60	1.15	0.66	80	30
4	26	65	1.23	0.69	85	40
5	28	70	1.30	0.72	90	50

试验甘薯品种为‘宁紫4号’，薯块重量与形状差异较小，每次试验前对薯块进行称重，试验后对损失和伤薯的薯块称重，每组试验进行三次，取平均值。参照河南省地方标准《甘薯机械化起垄收获作业技术规程》（DB41/T 1010—2015），试验评价指标的计算方法见式6.14和式6.15：

$$Y_1(\%)=\frac{M_2}{M_1}\times100 \tag{6.14}$$

$$Y_2(\%)=\frac{M_3}{M_1}\times100 \tag{6.15}$$

式中，Y_1为损失率，%；Y_2为伤薯率，%；M_1为作业前薯块总质量平均值，kg；M_2为作业后损失薯块总质量的平均值，kg；M_3为作业后伤薯总质量的平均值，kg。

（1）输送分离机构角度对评价指标的影响。将提升输送角度X_2置为60°、输送分离机构筛面线速度X_3置为1.15m/s、提升输送线速度X_4置为0.66m/s、刮板角度X_5置为80°、弧栅安装距X_6置为30mm，研究输送分离机构角度为20°、22°、24°、26°、28°对试验指标的影响程度，每个水平重复试验三次，试验数据如表6.7所示，试验数据取均值，变化趋势如图6.17所示。

表6.7　输送分离机构角度对各指标的影响

输送分离机构角度X_1（°）	损失率Y_1（%）	伤薯率Y_2（%）
20	0.72	0.12
20	0.91	0.06
20	0.77	0.15
22	0.81	0.12
22	0.79	0.16

（续表）

输送分离机构角度X_1（°）	损失率Y_1（%）	伤薯率Y_2（%）
22	0.86	0.20
24	0.77	0.17
24	0.89	0.17
24	0.94	0.16
26	1.07	0.17
26	1.21	0.21
26	1.03	0.10
28	1.17	0.24
28	1.19	0.21
28	1.26	0.28

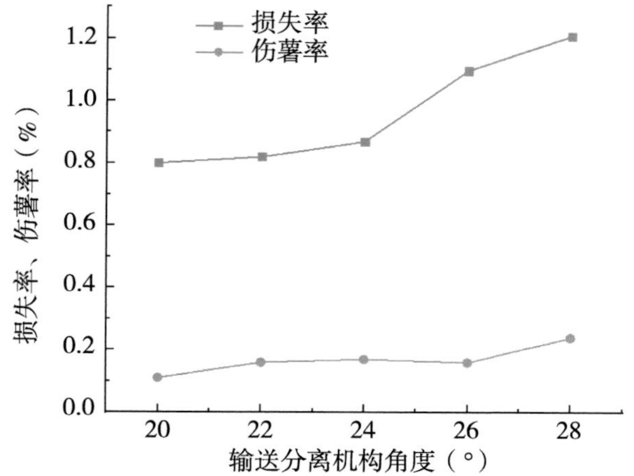

图6.17　输送分离机构角度对评价指标影响趋势

在α=0.05显著性水平下，对输送分离机构角度进行P值检验，方差分析如表6.8所示，结果表明输送分离机构角度对损失率满足P<0.01，伤薯率满足0.01<P<0.05，因此输送分离机构角度对损失率

影响极显著，对伤薯率影响极显著。

表6.8 输送分离机构角度对各指标的影响的方差分析

方差来源		平方和	自由度	均方	F	显著性水平
Y_1	组内	0.406	4	0.101	17.026	0
	组间	0.060	10	0.006		
	总计	0.465	14			
Y_2	组内	0.028	4	0.007	6.575	0.029*
	组间	0.016	10	0.002		
	总计	0.044	14			

由图6.17可知，输送分离机构角度在20°～28°变化时，损失率随输送分离机构角度增大呈逐渐增大趋势，且在角度超过24°时损失率增大加快。伤薯率随输送分离机构角度增大呈先增后减再增趋势。

当挖掘输送机构角度较小时，经挖掘铲挖掘后的薯块能顺利沿着输送分离机构向上输送，因此损失率小；随着输送分离机构角度增大，薯块很难顺利沿着输送分离机构向上输送而出现倒滑，会导致挖掘铲处壅堵，会造成薯块不能及时输送而损失；当输送分离机构角度较小时，输送分离机构长度需要设计得较长，因此薯块在输送分离机构上输送的时间较长，增加了薯块与输送分离机构杆条的碰触次数，伤薯率有所增加；当输送分离机构角度较大时，薯块不能沿着输送分离机构向上输送，导致在挖掘铲处拥堵过多，在输送链上滚动，增加薯块与薯块、杆条的碰撞次数，因此薯块伤薯率增加；当输送分离机构角度大于24°时，薯块损失率明显增大，伤薯率变化平稳，因此取输送分离机构角X_1为24°。

（2）提升输送角度对评价指标的影响。将输送分离机构角度X_1置为24°、输送分离机构筛面线速度X_3置为1.15m/s、刮板链提升输送线速度X_4置为0.66m/s、刮板角度X_5置为80°、弧栅安装距X_6置为30mm，研究刮板链提升输送机构角度为50°、55°、60°、65°、70°对试验指标的影响程度，每个水平重复试验三次，试验数据如表6.9所示，试验数据取均值，变化趋势如图6.18所示。

表6.9 提升输送角度对各指标的影响

提升输送角度X_2（°）	损失率Y_1（%）	伤薯率Y_2（%）
50	0.87	0.26
50	0.86	0.28
50	0.91	0.24
55	0.98	0.19
55	0.94	0.21
55	0.92	0.28
60	0.93	0.14
60	0.95	0.16
60	0.93	0.16
65	1.03	0.20
65	1.01	0.21
65	1.04	0.26
70	1.22	0.28
70	1.18	0.39
70	1.04	0.31

在α=0.05显著性水平下，对提升输送角度进行P值检验，方差分析结果如表6.10所示，结果表明提升输送角度对伤薯率和损失率均满足P<0.01，因此提升输送角度对伤薯率和损失率影响都极显著。

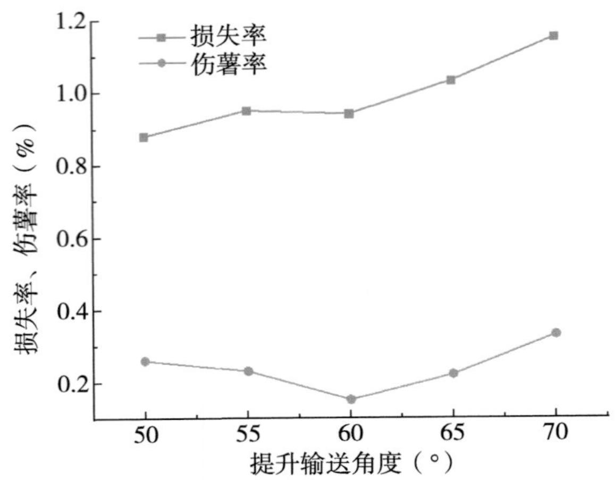

图6.18　提升输送角度对评价指标影响趋势

表6.10　提升输送角度对各指标影响的方差分析

方差来源		平方和	自由度	均方	F	显著性水平
Y_1	组内	0.128	4	0.032	14.637	0
	组间	0.022	10	0.020		
	总计	0.150	14			
Y_2	组内	0.048	4	0.012	8.455	0.003
	组间	0.014	10	0.001		
	总计	0.062	14			

由图6.18可知，提升输送角度在50°～70°变化时，损失率随着提升输送角度增大逐渐增大。这是因为随着提升输送角度增大，输送分离机构末端做一定初速度抛物线运动的薯块落到刮板间的水平投影距离变小，掉落的准确性变差，使薯块反弹出回环形输送链外或者掉落至弧栅交接机构中进行重复提升输送，有的被弹出机器外面，从而增加了薯块损失。

提升输送角度在50°～70°变化时，伤薯率随着提升输送角度增大呈现先减小后增大的趋势，但是变化很小。这主要是由于伤薯主要来源于回环输送链对薯块的弹力和薯块掉落至弧栅交接机构中的高度差，而提升输送角度对伤薯率的影响很小。当提升输送角度达到60°时，伤薯率达到最小为0.15%。

（3）输送分离机构筛面线速度对评价指标的影响。将输送分离机构角度X_1置为24°、输送提升角度X_2置为60°、提升输送线速度X_4置为0.66m/s、刮板角度X_5置为80°、弧栅安装距X_6置为30mm，研究输送分离机构筛面线速度为1.00m/s、1.08m/s、1.15m/s、1.23m/s、1.30m/s对试验指标的影响程度，每个水平重复试验三次，试验数据如表6.11所示，试验数据取均值，变化趋势如图6.19所示。

表6.11　输送分离机构筛面线速度对各指标的影响

挖掘输送机构速度X_3（m/s）	损失率Y_1（%）	伤薯率Y_2（%）
1.00	1.01	0.13
1.00	1.05	0.16
1.00	1.41	0.14
1.08	0.99	0.17
1.08	0.99	0.19
1.08	0.78	0.16
1.15	0.72	0.27
1.15	0.78	0.22
1.15	0.79	0.19
1.23	1.01	0.38
1.23	1.12	0.30
1.23	0.89	0.41

（续表）

挖掘输送机构速度X_3（m/s）	损失率Y_1（%）	伤薯率Y_2（%）
1.30	1.01	0.53
1.30	0.99	0.49
1.30	0.97	0.51

在显著性水平α=0.05下，对输送分离机构筛面线速度进行P值检验，方差分析如表6.12所示，结果表明输送分离机构筛面线速度对伤薯率的影响极显著（P<0.01），对损失率的影响显著（0.01≤P<0.05）。

表6.12　输送分离机构筛面线速度对各指标影响的方差分析

方差来源		平方和	自由度	均方	F	显著性水平
Y_1	组内	0.245	4	0.061	3.916	0.036*
	组间	0.157	10	0.016		
	总计	0.402	14			
Y_2	组内	0.278	4	0.070	60.625	0
	组间	0.011	10	0.001		
	总计	0.290	14			

由图6.19可知，随着输送分离机构筛面线速度增大，损失率呈先减小后增大再平缓趋势，这是因为输送分离机构筛面线速度较小时，薯块不能及时输送会落至输送分离机构的前端挖掘铲处，导致薯块壅堵或越过挖掘铲侧边掉落出挖掘输送机构，损失较大，当输送分离机构筛面线速度增大时，薯块输送慢慢变得顺畅了，损失也就少了，因此，在一定阈值内，薯块的损失率会随着输送分离机构

速度的增大而减小。当输送分离机构筛面线速度超过1.15m/s时，由于输送分离机构筛面线速度较大了，薯块会在输送分离机构末端做抛物运动，会形成较大的初速度，导致薯块会在提升输送机构上反弹或者被抛出输送分离机构，造成损失变多。因此当输送分离机构筛面线速度为1.15m/s时，损失率最小，为0.76%。

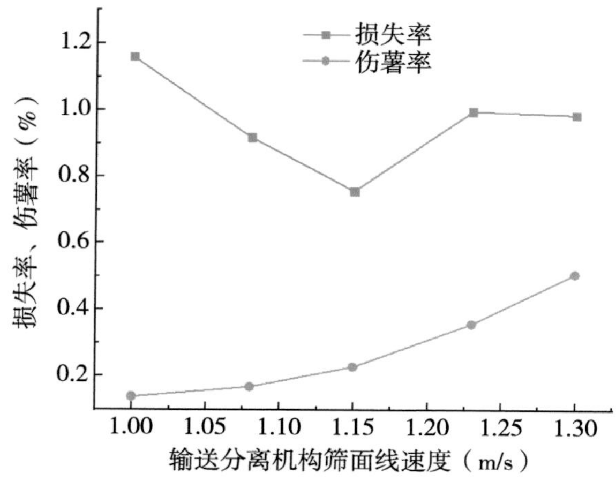

图6.19　输送分离机构筛面线速度对评价指标影响趋势

当输送分离机构筛面线速度在1.0～1.3m/s时，伤薯率随着输送分离机构筛面线速度的增大而增大，这是由于随着输送分离机构筛面线速度增大，输送分离机构的振幅增大，薯块与杆条的碰撞次数和碰撞强度都增大；当输送分离速度最大时，薯块运至弧栅交接处，提升输送机构不能及时将薯块输送到下一级机构而发生壅堵，导致薯块与薯块的碰撞次数增加，导致伤薯率也增大了。

（4）提升输送线速度对评价指标的影响。将输送分离机构角度X_1置为24°、提升输送角度X_2置为60°、输送分离机构筛面线速度X_3置为1.15m/s、刮板角度X_5置为80°、弧栅安装距X_6置为30mm，研究提升输送线速度为0.60m/s、0.63m/s、0.66m/s、0.69m/s、0.72m/s对试验指标的影响程度，每个水平重复试验三次，试验数据如表6.13所示，试验数据取均值，变化趋势如图6.20所示。

表6.13 提升输送线速度对各指标的影响

提升输送线速度X_4（m/s）	损失率Y_1（%）	伤薯率Y_2（%）
0.60	1.10	0.11
0.60	0.92	0.22
0.60	0.97	0.18
0.63	0.94	0.40
0.63	1.03	0.37
0.63	0.95	0.44
0.66	1.12	0.33
0.66	0.94	0.50
0.66	0.89	0.51
0.69	0.88	0.58
0.69	0.72	0.57
0.69	0.79	0.58
0.72	1.14	0.82
0.72	1.28	0.74
0.72	1.09	0.88

在显著性水平α=0.05下，对提升输送线速度进行P值检验，方差分析结果如表6.14所示，结果表明损失率和伤薯率均满足P<0.01，因此提升输送线速度对损失率和伤薯率影响极显著。

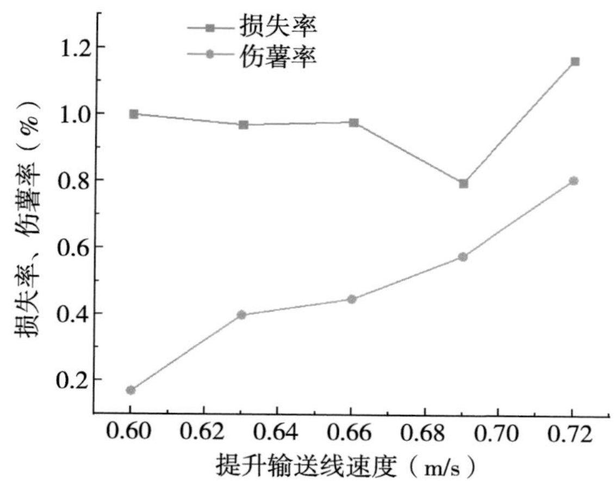

图6.20 提升输送线速度对评价指标影响趋势

表6.14 提升输送线速度对各指标影响的方差分析

方差来源		平方和	自由度	均方	F	显著性水平
Y_1	组内	0.210	4	0.052	6.272	0.009
	组间	0.084	10	0.080		
	总计	0.294	14			
Y_2	组内	0.671	4	0.168	42.912	0
	组间	0.039	10	0.040		
	总计	0.710	14			

由图6.20可知，随着提升输送线速度增加，损失率呈先减小后增加的趋势，且在速度超过0.66m/s时波动较大，这是因为当提升输送线速度增加到一定程度后，薯块可能除与刮板、与杆条、与不同薯块发生碰撞外，还会越出机器，有的薯块还会被弹出回环形输送链，损失增加；但当提升输送线速度过慢时，经过输送分离机构末端做抛物线运动的薯块不能及时被提升输送而掉落至弧栅交接机

构，导致薯块被刮带越出或被挤出机器，损失较大，所以随着提升输送线速度增加，损失率呈先减小后增加的趋势。当提升输送线速度X_4<0.69m/s时，损失率呈减小趋势，这是由于薯块在提升输送线速度超过0.69m/s时会出现跳跃反弹，结合实际作业状况，取提升输送线速度0.69m/s，此时损失率最小，为0.8%。

当提升输送线速度在0.6～0.72m/s变化时，伤薯率呈逐渐增大趋势。这是由于随着提升输送线速度增加，提升输送机构振幅增大，导致薯块与刮板、薯块与杆条的碰撞次数和强度都增加，从而增加了伤薯率，同时提升输送线速度增大，薯块在提升输送机构末端的初速度较大，造成了薯块落至下一级输送机构的碰撞强度较大而伤薯。

（5）刮板角度对评价指标的影响。刮板是间隔分布在提升输送机构上的若干组重要零件，功用是兜住薯块助其输送提升，其安装角度将会影响薯块的携带性能。将输送分离机构角度X_1置为24°、提升输送角度X_2置为60°、输送分离机构筛面线速度X_3置为1.15m/s、提升输送速度X_4置为0.66m/s、弧栅安装距X_6置为30mm，研究刮板角度为70°、75°、80°、85°、90°对试验指标的影响程度，每个水平重复试验3次，试验数据如表6.15所示，试验数据取均值。

表6.15　刮板角度对各指标的影响

刮板角度X_5（°）	损失率Y_1（%）	伤薯率Y_2（%）
70	0.92	0.12
70	0.91	0.16
70	0.89	0.15
75	0.89	0.12
75	0.89	0.16
75	0.88	0.20

（续表）

刮板角度X_5（°）	损失率Y_1（%）	伤薯率Y_2（%）
80	0.87	0.17
80	0.89	0.17
80	0.94	0.16
85	0.87	0.17
85	0.91	0.21
85	0.93	0.10
90	0.87	0.14
90	0.89	0.11
90	0.86	0.18

在显著性水平α=0.05下，对刮板角度进行P值检验，方差分析如表6.16所示，结果表明刮板角度对损失率和伤薯率均满足P>0.05，因此刮板角度对损失率和伤薯率的影响不显著。

表6.16　刮板角度对各指标影响的方差分析

方差来源		平方和	自由度	均方	F	显著性水平
Y_1	组内	0.002	4	0.001	1.049	0.430
	组间	0.005	10	0.001		
	总计	0.008	14			
Y_2	组内	0.001	4	0	0.268	0.892
	组间	0.013	10	0.001		
	总计	0.014	14			

由表6.15和表6.16可知，刮板角度对损失率、伤薯率的影响均不显著。这是因为当刮板角度较小时，经输送分离机构末端有一定初速度抛物线运动的薯块落入刮板间后就会形成两条线接触的夹持状态，此时薯块不会掉落和反弹，随着刮板角度增大，由两条线接触的夹持状态会逐渐变为多条线接触的支撑状态，因此薯块的损失率和伤薯率较小。提升输送机构工作时受刮板角度的影响较小，各指标均在可接受的范围内。考虑加工制作、安装等难易程度，刮板角度可取90°。

（6）弧栅安装距对评价指标的影响。为了薯块能顺畅交接并提升输送且不伤薯，弧栅交接机构与提升输送机构的刮板之间有一定的距离，以提升机构回环链最低端为零水平面，弧栅与回环链刮板最低端距离即为弧栅安装距，如图6.21所示。

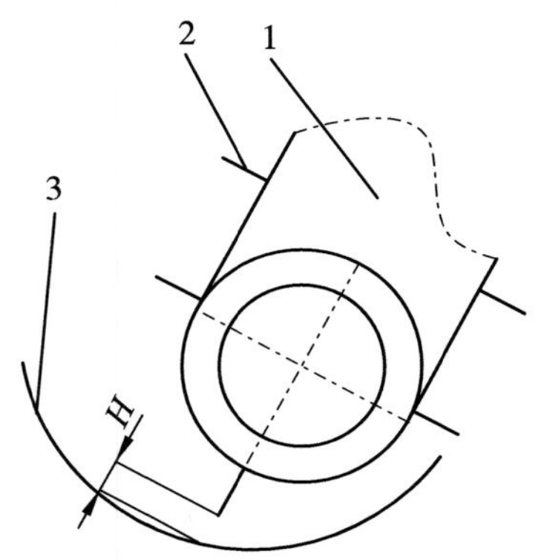

1—刮板链输送机构；2—刮板；3—弧栅交接机构；H—弧栅安装距，mm。

图6.21　弧栅安装距示意图

将输送分离机构角度X_1置为24°、提升输送角度X_2置为60°、输送分离机构筛面线速度X_3置为1.15m/s、提升输送速度X_4置为0.66m/s、刮板角度X_5置为80°，设定弧栅安装距为10mm、20mm、30mm、40mm及50mm，每个水平重复试验三次，结果如表6.17所示。

表6.17　弧栅安装距对各指标的影响

弧栅安装距X_6（mm）	损失率Y_1（%）	伤薯率Y_2（%）
10	0.91	0.13
10	0.94	0.08
10	0.96	0.21
20	0.97	0.18
20	0.91	0.10
20	0.87	0.11
30	0.89	0.17
30	0.98	0.22
30	0.89	0.09
40	0.99	0.17
40	1.07	0.12
40	0.89	0.16
50	0.89	0.13
50	0.79	0.16
50	0.97	0.14

在显著性水平α=0.05下，对弧栅安装距进行P值检验，方差分析如表6.18所示，结果表明弧栅安装距对损失率和伤薯率均满足P>0.05，因此弧栅安装距对损失率和伤薯率的影响不显著。

由表6.17和表6.18可知，弧栅安装距对损失率和伤薯率的影响均不显著。这是因为当弧栅安装距在10～50mm变化时，弧栅的主要作用是兜住薯块不掉落，与刮板回环链最低端远近无关，而薯块损失和伤薯主要来源于提升输送机构的运动过程和与前续工序的交接，与弧栅安装的距离关联不大，因此损失率和伤薯率不显著。弧栅安装距对提升输送机构作业过程的影响较小，各指标均在可接受的范围内。实际制作时，将弧栅安装距设计为10 ~ 50mm可调。

表6.18 弧栅安装距对各指标影响的方差分析

方差来源		平方和	自由度	均方	F	显著性水平
Y_1	组内	0.016	4	0.004	0.902	0.498
	组间	0.044	10	0.004		
	总计	0.060	14			
Y_2	组内	0.002	4	0	0.165	0.951
	组间	0.023	10	0.002		
	总计	0.024	14			

综上所述，提升输送机构的设计参数为：提升输送角度为60°、提升输送速度为0.66m/s、刮板角度为90°、弧栅安装距为10 ~ 50mm可调。

6.3 参数优化与试验

6.3.1 试验设备及仪器

试验设备和仪器主要包括试验台架、卷尺、电子台秤、电子秒表、转速仪、电子天平、集薯箱，试验物料甘薯品种为‘宁紫4号’。采用6.2.5章节中制作的试验台开展试验，台架如图6.16所示。

6.3.2 试验参数和方法

前述试验研究表明，输送分离机构的角度和速度、提升输送机构角度和速度为影响整机作业指标的最主要因素。由前述单因素试验和机构设计可知，输送分离机构角度范围为20°～26°，提升输送角度范围为60°～70°，输送分离机构筛面线速度范围为1.0～1.3m/s，提升输送速度范围为0.60～0.72m/s。试验方案为四因素三水平Box-Behnken试验，对输送分离机构角度X_1、提升输送角度X_2、输送分离机构筛面线速度X_3、提升输送速度X_4四个试验因素开展响应面试验研究。试验因素与水平如表6.19所示。

表6.19 试验因素和水平

水平	输送分离机构角度X_1（°）	提升输送角度X_2（°）	输送分离机构筛面线速度X_3（m/s）	提升输送速度X_4（m/s）
−1	20	60	1.00	0.60
0	23	65	1.15	0.66
1	26	70	1.30	0.72

试验选择试验甘薯宁紫4号，薯块质量与形状差异较小，每次试验前对薯块进行称量，试验后对损失和损伤的薯块称量，在同一条件下每组试验进行3次，结果取平均值。评价指标为损失率Y_1和伤薯率Y_2，参照河南省地方标准《甘薯机械化起垄收获作业技术规程》（DB41/T 1010—2015），具体计算方法见式（6.14）、式（6.15）所示。

6.3.3 试验结果与分析

四因素三水平Box-Behnken试验方案有29个试验点，其中24个试验点为分析因子，5个试验点为零点误差估计，试验方案与结果如表6.20所示。利用Design-Expert 8.0.6.1软件对试验结果进行多元回归拟合分析，建立损失率Y_1、伤薯率Y_2对输送分离机构角度X_1、提升输送角度X_2、输送分离机构筛面线速度X_3和提升输送速度X_4 4个自变量的多元回归方程，如式（6.16）和式（6.17）所示，回归方程方差分析结果如表6.21所示。

$$\begin{aligned}Y_1 = & 1.34-5.833\times10^{-3}X_1-0.25X_2+0.072X_3\\ & +0.07X_4+0.06X_1X_2+0.11X_1X_3\\ & -0.06X_1X_4+0.14X_2X_3-0.15X_2X_4\\ & +0.028X_3X_4-0.091X_1^2+0.18X_2^2\\ & -0.012X_3^2+0.038X_4^2\end{aligned} \tag{6.16}$$

$$\begin{aligned}Y_2 = & 1.26+0.076X_1+2.5\times10^{-3}X_2-0.25X_3\\ & +0.067X_4+0.11X_1X_2+0.16X_1X_3\\ & +0.03X_1X_4+0.068X_2X_3-0.06X_2X_4\\ & -0.15X_3X_4-0.013X_1^2-0.1X_2^2\\ & +0.19X_3^2+0.035X_4^2\end{aligned} \tag{6.17}$$

表6.20　试验方案与结果

序号	x_1	x_2	x_3	x_4	损失率Y_1(%)	伤薯率Y_2(%)
1	1	0	−1	0	1.08	1.66
2	0	0	−1	1	1.21	1.84
3	0	−1	1	0	1.75	1.01
4	0	0	0	0	1.39	1.31
5	0	0	−1	−1	1.26	1.32
6	0	1	−1	0	1.07	1.56
7	0	1	0	1	1.32	1.24
8	1	−1	0	0	1.64	0.99
9	−1	0	1	0	1.08	0.96

（续表）

序号	x_1	x_2	x_3	x_4	损失率Y_1（%）	伤薯率Y_2（%）
10	1	0	0	1	1.32	1.45
11	1	1	0	0	1.21	1.31
12	0	−1	−1	0	1.95	1.72
13	0	0	1	−1	1.48	1.32
14	1	0	0	−1	1.27	1.39
15	−1	0	0	−1	1.22	1.19
16	0	0	0	0	1.34	1.26
17	0	−1	0	1	1.95	1.41
18	0	−1	0	−1	1.41	1.11
19	−1	0	−1	0	1.23	1.89
20	−1	1	0	0	1.12	0.98
21	0	0	0	0	1.41	1.33
22	0	0	0	0	1.29	1.21
23	0	0	0	0	1.27	1.19
24	−1	0	0	1	1.51	1.13
25	0	1	1	0	1.45	1.12
26	1	0	1	0	1.36	1.38
27	0	0	1	1	1.54	1.25
28	0	1	0	−1	1.37	1.18
29	−1	−1	0	0	1.79	1.12

注：X_1、X_2、X_3、X_4为x_1、x_2、x_3、x_4的水平值，下同。

表6.21　回归方程方差分析

来源	损失率Y_1				伤薯率Y_2			
	平方和	自由度	F值	P值	平方和	自由度	F值	P值
模型	1.43	14	9.34	<0.000 1**	1.48	14	9.18	<0.000 1**
X_1	4.083×10^{-3}	1	0.037	0.849 6	0.069	1	5.98	0.028 3*
X_2	0.73	1	66.25	<0.000 1**	7.5×10^{-5}	1	6.494×10^{-3}	0.936 9
X_3	0.062	1	5.63	0.032 5*	0.73	1	62.8	<0.000 1**
X_4	0.059	1	5.37	0.036 1*	0.055	1	4.73	0.047 2*
X_1X_2	0.014	1	1.32	0.270 6	0.053	1	4.58	0.050 4
X_1X_3	0.046	1	4.22	0.059 0	0.11	1	9.15	0.009 1**
X_1X_4	0.014	1	1.32	0.270 6	3.6×10^{-3}	1	0.31	0.585 4
X_2X_3	0.084	1	7.68	0.015 0*	0.018	1	1.58	0.229 6
X_2X_4	0.087	1	7.95	0.013 6*	0.014	1	1.25	0.282 9
X_3X_4	3.025×10^{-3}	1	0.28	0.607 3	0.087	1	7.54	0.015 8*

（续表）

来源	损失率Y_1				伤薯率Y_2			
	平方和	自由度	F值	P值	平方和	自由度	F值	P值
X_1^2	0.054	1	4.89	0.044 2*	1.014×10^{-3}	1	0.088	0.771 4
X_2^2	0.22	1	20.1	0.000 5**	0.065	1	5.62	0.032 7*
X_3^2	9.471×10^{-4}	1	0.087	0.773 0	0.22	1	19.22	0.000 6**
X_4^2	9.325×10^{-3}	1	0.85	0.371 7	7.946×10^{-3}	1	0.69	0.420 8
残差	0.15	14			0.16	14		
失拟项	0.14	10	3.74	0.107 6	0.15	10	3.97	0.098 0
误差	0.015	4			0.015	4		
总和	1.58	28			1.65	28		

注：$P<0.01$（极显著，**）；$0.01\leqslant P<0.05$（显著，*）。

通过表6.21的回归方差分析可知，损失率Y_1和伤薯率Y_2的P值都小于0.01，表明回归方程极显著；损失率Y_1的失拟项为0.107 6，伤薯率Y_2的失拟项为0.098，表明损失率Y_1和伤薯率Y_2的回归方程拟合度高；损失率Y_1和伤薯率Y_2的决定系数R^2值分别为0.903 3和0.901 8，表明损失率Y_1和伤薯率Y_2的回归方程可以解释90%以上的评价指标。因此，该模型可以优化分析甘薯联合收获机的输送分离机构角度X_1、提升输送角度X_2、输送分离机构筛面线速度X_3、提升输送速度X_4等关键参数。

P值反应回归方程中各参数的影响程度，$P<0.01$时，参数对回归方程影响极显著，$P<0.05$时，参数对回归方程影响显著。损失率Y_1：回归方程中X_2和${X_2}^2$对回归方程影响极显著（$P<0.01$），X_3、X_4、X_2X_3、X_2X_4和${X_1}^2$对回归方程影响显著（$P<0.05$）；伤薯率Y_2：回归方程中X_3、X_1X_3和${X_3}^2$对回归方程影响极显著（$P<0.01$），X_1、X_4、X_3X_4和${X_1}^2$对回归方程影响显著（$P<0.05$）。剔除回归方程不显著回归项，对回归方程Y_1、Y_2进行优化，如式（6.18）和式（6.19）所示。

$$\begin{aligned} Y_1 = {} & 1.34 - 0.25X_2 + 0.072X_3 + 0.07X_4 + 0.14X_2X_3 \\ & - 0.15X_2X_4 - 0.091{X_1}^2 + 0.18{X_2}^2 \end{aligned} \tag{6.18}$$

$$\begin{aligned} Y_2 = {} & 1.26 + 0.076X_1 - 0.25X_3 + 0.067X_4 + 0.16X_1X_3 \\ & - 0.15X_3X_4 - 0.1{X_2}^2 + 0.19{X_3}^2 \end{aligned} \tag{6.19}$$

通过方差分析可知，各因素对损失率影响程度从大到小的顺序为：提升输送角度X_2、输送分离机构筛面线速度X_3、提升输送速度X_4、输送分离机构角度X_1；各因素对伤薯率影响程度从大到小的顺序为：输送分离机构筛面线速度X_3、输送分离机构角度X_1、提升输送速度X_4、提升输送角度X_2。

利用Design-Expert 8.0.6.1软件绘制各因素对试验指标的影响曲

面图，结果如图6.22所示。由图6.22（a）可以看出，提升输送角度和输送分离机构筛面线速度交互作用显著，主要是因为薯块在输送分离机构末端做抛物运动，输送分离机构的输送速度越快，薯块的抛物运

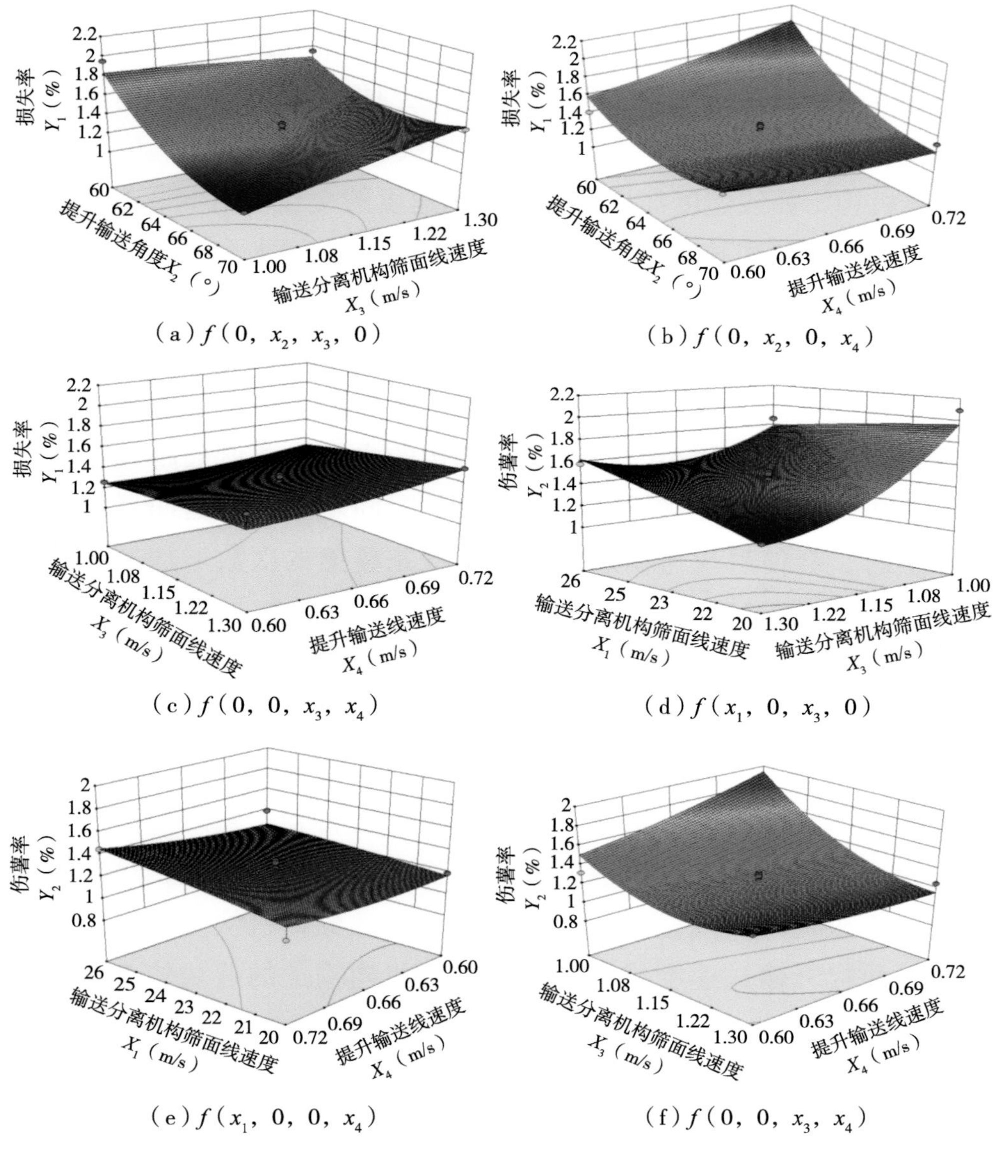

（a）$f(0, x_2, x_3, 0)$　（b）$f(0, x_2, 0, x_4)$

（c）$f(0, 0, x_3, x_4)$　（d）$f(x_1, 0, x_3, 0)$

（e）$f(x_1, 0, 0, x_4)$　（f）$f(0, 0, x_3, x_4)$

图6.22　交互因素对损失率（Y_1）和伤薯率（Y_2）的影响

动初速度就越大，易使薯块飞出输送分离机构而造成损失；同时提升输送机构倾角较小时，薯块落入提升输送机构的距离较小，容易造成薯块反弹。由图6.22（b）可知，提升输送机构角度越大且输送速度越慢时损失越小，这是因为在输送分离机构的角度与速度都处于0水平时，提升输送角度越大，做抛物运动的薯块落入刮板间反弹越小，同时提升输送机构速度较慢时，薯块会在刮板间顺利输送，速度变快时会使薯块在输送过程中抖落而造成损失。由图6.22（c）可知，输送分离机构筛面线速度与提升输送机构速度的交互作用不显著，主要是因为输送分离机构角度和提升输送角度都处于0水平时，薯块在输送链上都处于平稳状态，速度变化不会对薯块造成较大的损失。

由图6.22（d）可以看出，当输送分离机构筛面线速度和角度皆处于低水平时，伤薯率达到最大值，这是因为输送分离机构是由杆条组成，其角度越小时输送分离机构的水平距离就会越长，输送分离机构筛面线速度越慢，输送分离的时间就越久，这两者都处于低水平时，会使薯块与输送分离机构杆条碰撞的次数增加，受伤薯块增多。由图6.22（e）可知，输送分离机构角度与提升输送机构速度的交互作用不显著，这是因为输送分离机构筛面线速度和提升输送机构速度都处于0水平时，输送分离机构上薯块做抛物运动时会有理想的初始高度，落入刮板间会有理想的输送速度，撞击都非常轻微，因此伤薯率会变小。由图6.22（f）可知，输送分离机构筛面线速度越慢且提升输送速度越快，伤薯率达到最大值，这是因为输送分离机构筛面线速度越慢，薯块在输送分离机构上的碰撞次数越多，而提升输送速度越快，提升输送机构输送的薯块较少且有抖动，而且薯块落入提升输送机构时的撞击力越大，越易造成破损；而输送分离机构筛面线速度较快，提升输送速度较慢，就会导致薯块在交接处堵塞和碰撞而造成一定的伤薯，但薯块落入提升输送机构时的撞击力就大大减轻，故而伤薯减少。

6.3.4 参数优化与试验

为了使自走式甘薯联合收获机作业性能达到最佳，要求薯块在输送过程中的损失率和伤薯率都应低。通过对损失率和伤薯率交互因素分析可知：要获得较低的损失率，就必须要求输送分离机构角度小和提升输送角度小；要获得较低的伤薯率，需同时满足输送分离机构筛面线速度慢和提升输送速度慢的要求。根据自走式甘薯联合收获机实际工况确定优化约束条件为：

$$\begin{cases}\min Y_1(X_1,X_2,X_3,X_4)\\ \min Y_2(X_1,X_2,X_3,X_4)\\ -1\leqslant X_1,X_2,X_3,X_4\leqslant 1\\ 0\%\leqslant Y_1\leqslant 4\%\\ 0\%\leqslant Y_2\leqslant 5\%\end{cases}$$

利用Design-Expert软件对各参数进行优化求解以达到最优工作参数组合。当输送分离机构角度为20°、提升输送角度为68.07°、输送分离机构筛面线速度为1.2m/s、提升输送速度为0.67m/s时，自走式甘薯联合收获输送提升机构工作时的损失率为1.16%、伤薯率为0.95%，效果最佳。

为了验证回归方程的准确性，运用优化后的组合参数在江苏南京市溧水区白马镇甘薯试验基地进行试验验证。结合机械设计要求与试验过程的实际工况，对优化后的理论值取整，将输送分离机构角度置为20°、提升输送角度置为68°、输送分离机构筛面线速度置为1.2m/s、提升输送速度置为0.67m/s，在机器行驶速度为1.0m/s条件下进行田间试验验证，如图6.23所示，结果见表6.22所示。

图6.23 甘薯联合收获机田间验证试验

表6.22 优化条件下各评价指标实测值

项目	损失率Y_1（%）	伤薯率Y_2（%）
平均值	1.12	0.94
优化值	1.16	0.95
相对误差	3.40	1.10

由表6.22可知，损失率Y_1和伤薯率Y_2的试验值与优化值比较接近，其损失率Y_1和伤薯率Y_2的试验值与优化值相对误差分别为3.4%和1.1%，因此，该参数组合具有较强的可靠性、实用性。因此，在自走式甘薯联合收获机作业时，可采用的最优参数组合：收获作业前行速度1.0m/s、输送分离机构角度20°、提升输送角度68°、输送分离机构筛面线速度1.2m/s、提升输送速度0.67m/s，此时自走式甘薯联合收获薯块损失率为1.12%、伤薯率为0.94%。

6.4 研究结论

（1）本研究设计的4GSL-1型自走式甘薯联合收获机以“重视

薯杂分离、尽量减少损伤”为主要设计思路，设计的整机收获工艺流程为：挖掘—捡拾—输送—薯土分离—薯秧分离—人工清选—集薯，机型为履带自走式，一次收一垄。

（2）4GSL–1型自走式甘薯联合收获机配套动力65kW，作业效率0.16～0.33hm^2/h，履带轨距为90cm，主要由履带自走底盘、传动系统、机架、限深机构、挖掘装置、输送分离机构、薯秧分离机构、弧栅交接机构、提升输送机构、清选台、输土装置、集薯机构等组成，可一次完成单垄甘薯的限深、挖掘、输送、薯土分离、薯秧强制分离、清选、集薯等作业，最宜90cm种植垄距作业，以收淀粉用甘薯为主，亦可收鲜食加工型甘薯。该机可实现一机多用，以甘薯收获为主，更换薯土分离部件后亦可用于马铃薯收获，有效提高机具的经济性和实用性。

（3）本机关键部件设计时，限深机构采用了仿形镇压辊垄顶限深形式；挖掘机构采用被动式前部平面整体结构挖掘铲+尾部栅条结构组合型式；杆条输送分离机构倾角β为20°～29°，输送分离机构后端高度H为660mm，杆条间距为40mm；薯秧强制分离机构采用槽辊对压薯块残藤强制分离技术，研究确定摘辊轴与输送杆条下层间距值为2mm，栅条状弧形板折弯角度为155°；研究确定提升输送机构的设计参数为提升输送角度为60°、提升输送速度为0.66m/s、刮板角度为90°、弧栅安装距为10～50mm可调。

（4）采用四因素三水平Box–Behnken试验方法，对输送分离机构角度、速度和提升输送机构角度、速度四个因素开展响应面试验研究，分析可知，对损失率影响程度从大到小顺序为：提升输送角度、输送分离机构筛面线速度、提升输送速度、输送分离机构角度；对伤薯率影响程度从大到小顺序为：输送分离机构筛面线速度、输送分离机构角度、提升输送速度、提升输送角度。

（5）试验验证自走式甘薯联合收获机最优作业参数组合。收获作业前行速度1.0m/s、输送分离机构角度20°、提升输送角度68°、输送分离机构筛面线速度1.2m/s、提升输送速度0.67m/s，此时，该机薯块损失率为1.12%、伤薯率为0.94%。

6.5 应用推广情况

自2016年起自走式甘薯联合收获机专利权人“农业农村部南京农业机械化研究所”以该技术（装备样机见图6.24）先后与“南通富来威农业装备有限公司”“汝南县广源车辆有限公司”“禹城亚泰机械制造有限公司”等农机行业骨干企业开展合作，通过基地示范、辐射带动、操作培训、集中授课、现场会等多种形式，在山东、江苏、河南等甘薯生产大省开展应用推广，累计培训技术人员和农民几千人次，有力地支撑了甘薯产业健康发展。该产品2019年荣获“第二十一届中国国际高新技术成果交易会优秀产品奖”“2019年江苏省机械工业专利奖一等奖”。

图6.24　自走式甘薯联合收获机第一代样机

本专利产品为甘薯生产提供了一种全新思路和一款适用机型，填补了国内甘薯收获领域技术空白，攻克了甘薯机械化收获技术瓶颈，破解了人工收获劳动强度大、用工多的难题，为甘薯全程机械化配套奠定了坚实基础，对解决甘薯生产急需、保障农民增收、保障国家粮食安全具有重要意义。亦为“一带一路”“走出去”提供了先进适用的农机新产品。

为降低作业时薯块破损、提高生产率和操控便利性，2020年对4GSL-1型自走式甘薯联合收获机进行新一轮优化改进设计，如图6.25所示，重点设计优化了第一级垄顶仿形镇压辊式限深碎土机构和槽辊对压薯块残藤强制分离机构，改进第二级输送提升角度、落薯形式，输送分离机构可实现高度自动调整，为第三级输送设计了低损分拣平台，根据需要可进行捡杂或捡薯两种方式作业；整机实现了各级机构模块化组合、参数可独立调整。新一轮样机在山东德州、江苏淮安等地开展甘薯收获试验示范（图6.26），在山东滕州还开展了马铃薯收获试验，实现了一机多用。

图6.25 新一轮自走式甘薯联合收获机样机

图6.26　新一轮自走式甘薯联合收获机田间示范

7 4GS-1500型甘薯分段收获机研究设计

甘薯分段收获机因结构相对简单，造价较低，适应能力较强，非常适合中小种植户收获作业，是目前国内广泛使用的一种机型模式。甘薯分段收获机型主要分为升运链式分段收获机和挖掘收获犁两类，本章节以代表机型4GS-1500型升运链式甘薯分段收获机为对象，开展研究设计。

7.1 整体结构及工作原理

7.1.1 整机结构

4GS-1500型甘薯收获机是一款杆条升运链式的分段收获机，如图7.1和图7.2所示，主要由悬挂架、变速箱、带传动系统、张紧机构、拢薯调节板、导薯栅、支撑轮、杆条升运链、机架系统、破土防缠装置、限深轮等组成，可一次完成限深挖掘、输送清土、成条铺放等作业。该机与拖拉机三点悬挂连接，动力全部由拖拉机提供，行走和挖掘依靠拖拉机牵引完成，薯土分离输送的动力由拖拉机动力输出轴提供，悬挂系统与拖拉机液压悬挂装置上拉杆和下拉杆相连，通过拖拉机液压悬挂装置调节收获机机架的水平状态。

7.1.2 工作原理

工作时，拖拉机牵引整机靠支撑轮从动行走，限深轮在垄沟行

图7.1　4GS-1500型甘薯收获机实物图

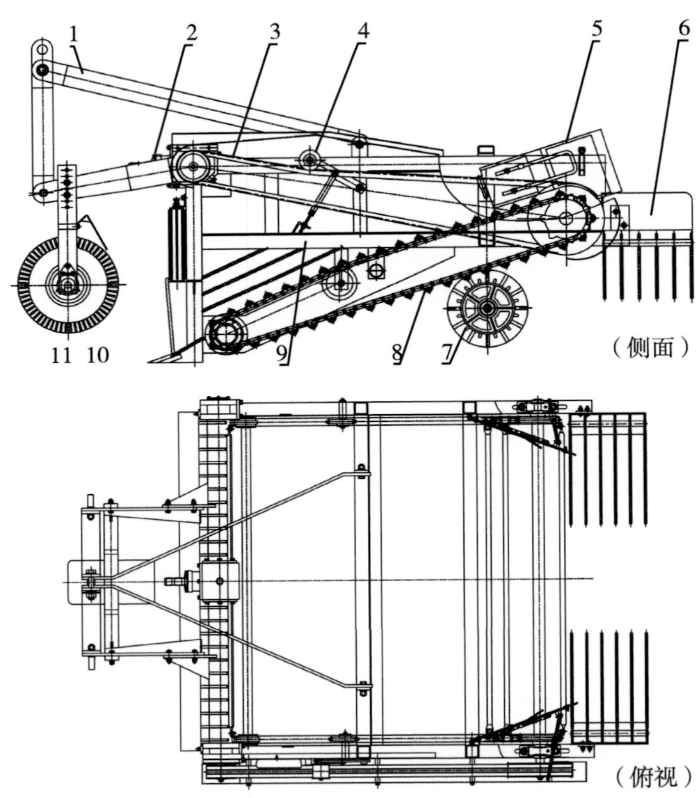

1—悬挂架；2—变速箱；3—带传动系统；4—张紧机构；5—拢薯调节板；6—导薯栅；7—支撑轮；8—杆条升运链；9—机架系统；10—破土防缠装置；11—限深轮。

图7.2　4GS-1500型甘薯收获机结构示意图

走并限定挖掘深度，破土装置切开垄体，残秧杂草被防缠装置被动旋转带走，薯块及土壤等被破土挖掘铲掘起后进入杆条升运链输送分离装置，经过杆条的输送、分离、土壤破碎，使小于杆间距的土壤和杂质物被筛下，薯块和大于杆间距的土块及杂质物继续向机具后端输送，经过拢薯调节板的集薯作用，将薯块等拢向杆条升运链中间，最后在杆条升运链的转动作用下从机具后端被抛落至地面，薯块被成条铺放在垄面上，然后由人工除薯拐、捡拾装袋。该机适于平原坝区或丘陵缓坡等较大田块沙壤或沙浆黑土地等作业。

7.1.3 主要技术参数

该机的主要结构参数和工作参数如表7.1所示。

表7.1 4GS-1500型甘薯收获机主要结构参数与技术参数

项目	参数
整机尺寸（长×宽×高）（mm×mm×mm）	2 515×1 841×1 235
整机质量（kg）	560
配套动力（kW）	≥50
结构型式	升运链式
与拖拉机连接形式	三点悬挂式
挖掘深度（mm）	100～300
适合垄距（mm）	850～950
作业垄数（垄）	2
挖掘铲型式	平面单铲
限深形式	前端轮式限深
作业幅宽（mm）	1 500
作业速度（km/h）	1.0～5.5
集薯归拢型式	左右可调节归拢板
工作效率（hm^2/h）	0.20～0.40

7.2 关键部件设计

7.2.1 机架系统设计

4GS-1500型甘薯收获机机架系统主要由机架焊合、漏土栅条、导土栅、挖掘铲等组成，其结构简图如图7.3所示，主要是为收获机各工作部件提供支撑平台。机架系统采用框架式结构设计，既保障了强度，又节约了用材，使整机相比同类机型重量减轻了20%以上。挖掘铲采用平面固定式单铲结构，铲面入土的受力如图7.4所示。

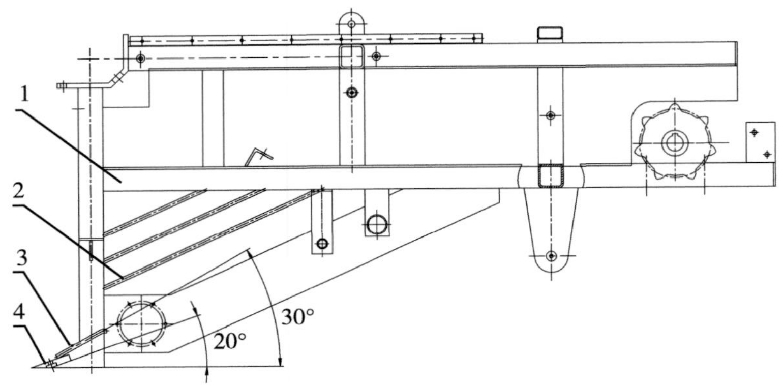

1—机架焊合；2—漏土栅条；3—导土栅；4—挖掘铲。

图7.3 机架系统结构示意图

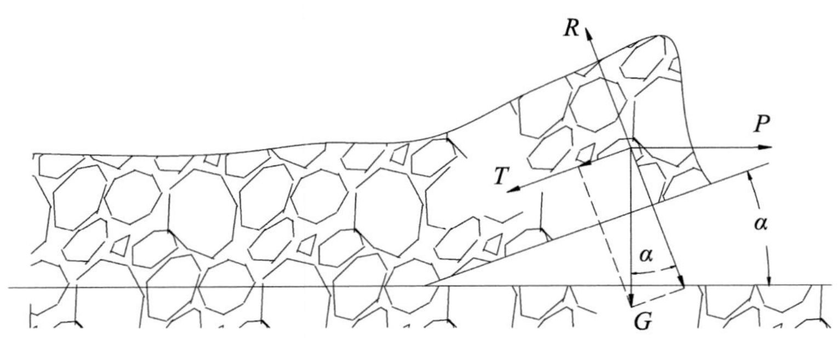

P—挖掘铲挖掘土壤所需的力；*R*—铲对土壤的反作用力；*G*—铲面上土壤的重力；*α*—铲的倾角；*T*—土壤对铲的摩擦力。

图7.4 铲面移动土壤受力示意图

根据图7.4可建立方程式如下：

$$P\cos\alpha - T - G\sin\alpha = 0 \quad (7.1)$$

$$R - G\cos\alpha - P\sin\alpha = 0 \quad (7.2)$$

式中，P为挖掘铲挖掘土壤所需的力，N；R为铲对土壤的反作用力，N；G为铲面上土壤的重力，N；α为铲的倾角，°；μ为土壤对铲的摩擦系数；T为土壤对铲的摩擦力，μR，N。

根据上述因素核算，α的取值为10°～24°，为了挖掘铲既易于入土，又要使前行挖掘阻力较小，故而本机铲面倾角α选用了20°。

挖掘铲破垄后挖起的土堡和薯块经过倾角为30°导土栅，土垄进一步破碎后被输送到杆条升运链上，导土栅间距为50mm，均列于挖掘铲后方，起到了输送、过渡和碎土作用。甘薯收获机平均挖深约300mm，而低于垄面下挖深每增加10mm，过筛分离的土壤将每亩增加40t。如果所有土壤要从升运链上分离，势必造成升运链材料强度增加、负荷增大、寿命要减短、整机作业功耗要增加，故而在收获机前方两侧设计了漏土栅结构，用栅条等间隙均列方式组成镂空结构，间距适宜，既能避免薯块漏出，也能让部分土壤从前端两侧直接自然的流出，大大减轻了升运链筛面的过土量，利于薯土分离和减少作业功耗。

7.2.2 破土防缠装置设计

甘薯是一种蔓生型高垄种植的作物，其藤蔓通常能长到1.5～2.5m，生长茂盛，且匍匐于地缠绕严重，不宜分离。目前的机械除蔓多采用自由态刀旋转粉碎还田，贴地生长的蔓不易被粉碎刀打到而难以切碎（粉碎刀如入土，不仅阻力大，而且转速很快下降，线速度降低，难以断蔓），加上垄沟碎蔓铺放堆积多，在挖掘收获机作业时易阻挡或缠挂在收获机前端两侧辐板上，越积越多，筛面上的流动性变差，易造成机具的壅土阻塞，通常需要停机清理，否则机具无法作业，造成作业不顺畅，且挖深变浅而伤薯；有时残藤挂着薯块不能顺畅输送走，薯块在筛面上多次摩擦，造成破皮损伤增多。另外，收获季节时，甘薯垄的土壤往往比较干燥结实，故而机架两侧入土部件的阻力也相当大。因此如何破解断秧蔓缠绕、机架破土阻力大等问题，是该机设计的一个重点。

如图7.5所示为设计的破土防缠绕装置，主要由旋转辊筒、上下插销、侧垄破土刀等组成。其在机架两侧前端焊接两把立刃型破土刀，作业时易于破开垄侧面或垄沟土堡，减少前行阻力；同时挂接其上的藤蔓顺刀口逐渐向上滑至旋转辊筒，被旋转辊筒带走清理。

为解决长蔓在机架两侧的缠绕，设计了可被动自由旋转的辊筒，辊筒通过上固定插销固定在机架上，通过下支撑插销固定在破土刀上方，破土刀下窄上宽呈4°倾角，上下插销采用间隙配合，辊筒在机具前行力和秧蔓摩擦力的综合作用下能自由转动。作业时破土刀约2/3入土，秧蔓先缠在刀口上，逐步向上推滑至防缠辊筒上，秧蔓带动辊筒旋转，从而将秧蔓带入杆条筛面随土壤运至后方或机架外侧，不至于缠在机架上。

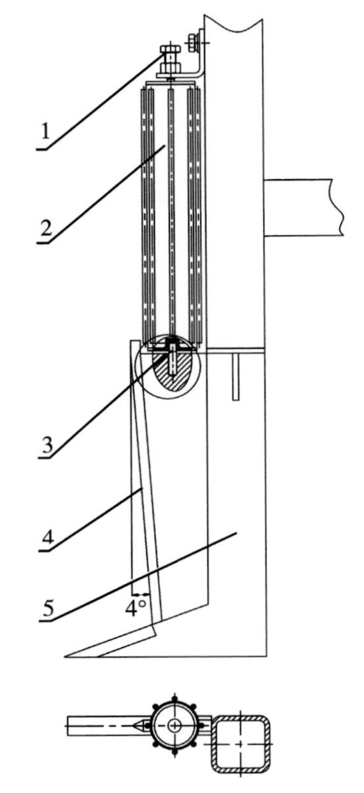

1—上固定插销；2—旋转辊筒；3—下支撑插销；4—侧垄破土刀；5—机架。

图7.5 破土防缠绕装置结构简图

7.2.3 杆条升运链系统设计

杆条升运链是薯类收获机上应用最广的薯土分离装置，具有分离性能好、输送能力强等特点。本机设计的杆条升运链系统见图7.6所示，两侧采用套筒滚子链，其上用固定杆条连接组成升运链分离筛，同时为增加薯土分离效果，增加了链杆抖动效果，本机采用了中间加被动抖动轮的二段式抖动结构。

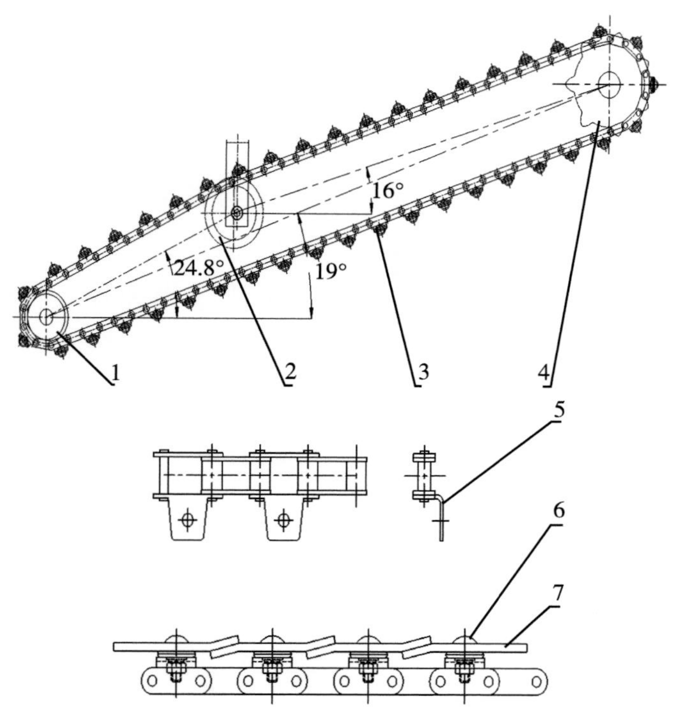

1—被动轮；2—被动抖动装置；3—杆条；4—主动轮；
5—滚子链；6—半圆头螺栓；7—橡胶垫。

图7.6 杆条升运链结构简图

杆条升运链系统的工作原理为：位于收获机前部的挖掘铲进入土层将甘薯有效垄体掘起，垄体在挖掘铲的作用下发生劈裂破碎，然后被输送到杆条升运链上。杆条在向后运动的同时受抖动轮激振作用而上下抖动，薯块土壤进一步分离，土垡进一步破碎，小于链杆间距的土垡和杂物被筛下，薯块和大于链杆间距的土垡及杂物则继续向机具后端输送，经过拢薯器的集薯作用，将薯块等拢向链杆式升运链中间，最后在机具后端依靠杆条升运链的转动抛送作用，薯块被条铺明放在地面上。

本机设计的杆条升运链采用了中间加被动抖动轮的二段式抖动结构，第一段输送链段的倾角较大，保障前端薯土产生较大变形而使土垡进一步破碎，便于后续分离，而第二段输送链段的倾角较小，保障后端输送平稳、少伤薯。

（1）杆条间距确定。杆条间距选定与甘薯品种和薯块尺寸大小有关。一般甘薯的薯块为纺锤形、球形等形状，为了便于研究，统一简化为长、直径两个特征尺寸来描述块茎物理外形特性，由于薯块直径一般小于长度，所以在确定杆条间距时，薯块最大直径尺寸是最为关键的一个尺寸。

杆条间距如图7.7所示，从图中可以看出下面的关系：

$$L = L_1 + d \tag{7.3}$$

式中，L为杆条间距，mm；L_1为杆条间隙，mm；d为杆条直径，mm。

要使升运链达到筛分土壤、保留薯块的目的，杆条间隙的设计应满足$L_1<D$的条件，即保证甘薯最小特征尺寸大于升运链杆条间隙，使薯块不至于在升运器上升抖动过程中随土壤从杆条间隙漏下。根据前期对甘薯的物理特性研究，测得其最大直径尺寸大多大于52mm，所以可取杆条间隙为52mm。杆条直径取18mm，代入式（7.3），则杆条间距L为70mm。

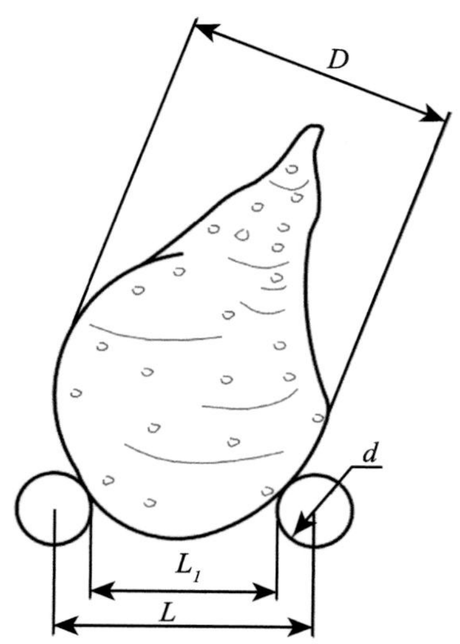

L—杆条间距，mm；L_1—杆条间隙，mm；
d—杆条直径，mm；D—甘薯薯块最小特征尺寸。

图7.7　杆条间隙简图

（2）抖动机构确定。为了加强升运链的薯土分离效果，设计有被动式抖动轮，抖动轮由升运链驱动，以此来加强升运链的抖动效果，使土垡破碎更为彻底，使碎土从杆条间隙间掉落得更多，从而提高薯土分离效果。抖动轮有椭圆、偏心齿轮、双头、三头等多种形状，一般偏心齿轮式抖动轮工作相对比较温和，对链杆的冲击较小，对薯块表皮的伤害较小，适合鲜食型甘薯的挖掘收获，能满足甘薯收获质量技术性能要求。

（3）升运链线速度确定。确定杆条升运链线速度时，最重要的因素就是杆条在输送分离时对薯块的损伤程度。同时，整机作业效率、升运器的使用寿命和能耗都与它的速度有关。升运杆条速度越快，杆条抖动频率就越快，薯土分离效果越好，也更能适应较高的整机作业效率，但薯块被抛起的高度也会加大，对薯块的表皮损伤就会越大，升运链磨损会加剧，甘薯收获机使用寿命也会降低，能耗也要增加。因此，须选取适当的线速度，既保证薯土分离效果、作业效率，又能降低薯块的损伤率。根据前期对甘薯薯块生物力学特性的试验研究，保证薯块的抛出高度控制在660mm以内，即高于抛出点40mm，薯块的损伤率较小。根据前行速度、作业质量等综合考虑，试验研究确定升运链线速度为1.9～2.36m/s。

（4）输送倾角确定。由于输送倾角是影响甘薯输运和薯块表皮质量的又一重要因素，倾角过小则筛面长度须增加，否则土壤分离效果差；倾角过大则输送效果不佳，且易造成薯块在链条上翻滚，使薯皮大面积破损。具体角度参数根据台架试验分析测定，将升运系统的倾角设计为19°，第一段输送段的倾角为24.8°，而第二段输送段的倾角为16°，既保障了前端薯土分离效果，又使后端输送平稳、损伤少。

由于薯块输送过程中，易与两侧滚子链和杆条的结合部摩擦，造成薯块表面损伤，增加破损率，故而设计了多块独立软橡胶块前后搭接方式，并用半圆头螺栓固定，避免薯块输运时擦伤。

7.3 薯土分离损伤机理研究及参数优化

为了改进杆条升运链设计、减小输送分离和抛薯过程中对薯块的损伤，以商薯19、阜薯24、郑薯20为对象，采用配置了杆条升运链的4GS-1500型甘薯收获机进行甘薯收获试验，运用力学、运动学等原理，结合试验分析，研究杆条升运链在输送分离、抛薯过程中产生的损伤原因和减小损伤率的措施。

试验地总长60m（测区长度40m，两端预备区10m），共81垄（1次收获2垄）。甘薯的损伤主要在杆条升运链输送分离、抛薯过程中产生的，即输送分离损伤和抛落损伤。东方红904拖拉机采用2

挡，前进速度根据试验需要控制在2m/s左右。本研究结合生产实际和田间试验研究，分别选用2.30m/s、2.10m/s和1.90m/s升运链运行线速度进行试验。4GS-1500型甘薯收获机齿轮箱传动比*k*为1∶2，升运链运行线速度计算方法见式（7.4）。每种速度不同品种试验各重复3次，每个测区内随机取3个小区，每个小区长度为3m，宽度1.8m，对输送分离后的甘薯进行测定，研究甘薯输送分离损伤特征及损伤率，计算方法见式（7.5）。输送分离前甘薯的损伤主要由挖掘系统造成，不计入损伤统计。

$$v_1 = 2\pi \times \frac{n}{60} \times r \tag{7.4}$$

式中，v_1为升运链线速度，m/s；n为主动轮转速，r/s；r为主动轮链杆最外缘半径，m。

$$T_s = \frac{W_s}{W} \times 100 \tag{7.5}$$

式中，T_s为伤薯率，%；W_s为伤薯质量，kg；W为总薯质量，kg。

根据试验观察与结果分析，考虑甘薯贮藏、销售等因素，甘薯在杆条升运链输送分离过程中出现的损伤大致分为4类：表面擦伤即甘薯表皮局部损伤（损伤面积>15mm^2）；压损即甘薯局部组织变形、错位或变软致使甘薯局部变色；薯肉缺损即皮下组织被破坏、产生损伤，以露出薯肉为判断依据；断裂即甘薯整体断裂为两部分或多部分。

甘薯在输送分离过程中，由于薯块、土块、机具相互作用所造成的损伤主要以表面擦伤为主。杆条升运链线速度与甘薯损伤率不呈线性关系，不同升运链线速度条件下，不同品种甘薯在输送分离过程中的损伤率有所不同，如表7.2所示。

表7.2　优化前甘薯损伤率统计分析

链杆线速度（m/s）	品种	表面擦伤损伤率（%）	压损损伤率（%）	薯肉缺损损伤率（%）	断裂损伤率（%）	总损伤率（%）
2.30	商薯19	1.50	0.12	0.20	0.21	2.03
	阜薯24	1.45	0.15	0.26	0.18	2.04
	郑薯20	1.61	0.12	0.28	0.40	2.41
2.10	商薯19	1.20	0.10	0.16	0.17	1.63
	阜薯24	1.32	0.09	0.14	0.16	1.71
	郑薯20	1.55	0.13	0.22	0.20	2.10
1.90	商薯19	1.10	0.12	0.13	0.16	2.41
	阜薯24	1.21	0.10	0.12	0.10	1.53
	郑薯20	1.43	0.15	0.19	0.31	2.08

注：表中各类损伤率均为绝对值，总损伤率为各类损伤率之和。

7.3.1　甘薯输送分离损伤分析

4GS-1500型甘薯收获机的杆条升运链采用70mm间距排列的杆条对甘薯和土壤进行输送分离。作业时，挖掘系统将薯土连续挖起送入喂入口，薯土自下而上连续进入并铺满杆条升运链，随着链杆连续运转，杆条升运链以一定倾角输送分离甘薯和土壤。

在输送分离过程中，甘薯的受力主要发生在杆条升运链输送分离面上，主要受土块、杆条与拢薯器等机械作用，受力性质为挤压力、冲击力、摩擦力等合力作用，甘薯之间也会发生碰撞，产生冲击力。拢薯器具有集薯作用，但当薯土输送至靠近拢薯器时，由于其出薯口的宽度较输送分离面宽度缩小，拢薯器对薯块造成一定程度的挤压，对甘薯产生挤压力。机具的振动使得土块、杆条、薯块自身也产生一定程度的振动，这对输送分离中的甘薯产生一定的冲击力。甘薯输送分离过程中，甘薯所受摩擦力主要是由杆条造成，方向与杆条运行方向相反。这些作用力随着甘薯在杆条升运链上所处位置的不同而发生变化，属于动态受力且比较复杂。以甘薯A为研究对象进行受力分析，如图7.8所示，平衡方程见式（7.6）：

$$\vec{F}_x + \vec{F}_y = \vec{G} + \vec{F}_v + \vec{F}_t + \vec{F}_j + \vec{F}_f \tag{7.6}$$

式中，G为甘薯自身重力，N；F_x为甘薯在x轴的分力，N；F_y为甘薯在y轴的分力，N；F_t为甘薯喂入时挖掘系统与杆条对甘薯的切入力，N；F_j为拢薯器对甘薯的挤压力，与杆条运行方向一致，N；F_f为甘薯与杆条之间的摩擦力，N，方向与杆条运行方向相同；F_v为土块对甘薯、薯块与薯块之间的冲击力，N，主要发生在与杆条运行速度相反的方向。

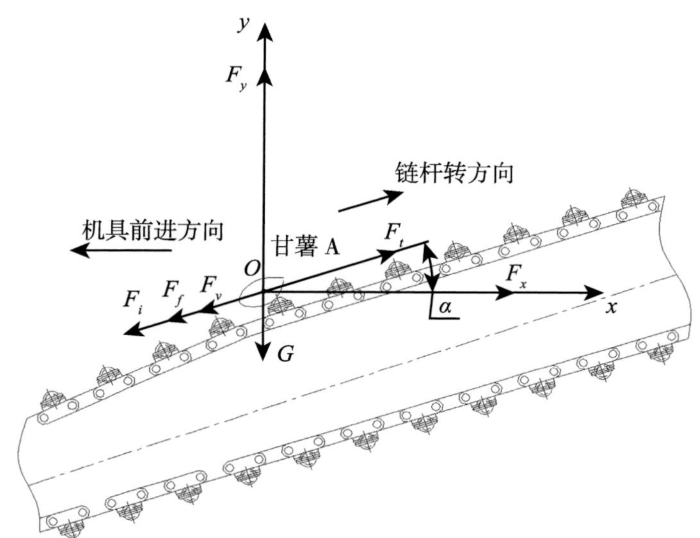

图7.8　甘薯在杆条输送分离中受力分析

通过受力分析可知，杆条连续运行、从喂入口对甘薯的铲取过程中，铲取时间极短，薯块又与土垡在一起，第一段（或前端）升运链上基本对甘薯没有作用力，所以，可以忽略挖掘系统与杆条对甘薯的切入力，即F_t=0。式（7.6）简化为：

$$\vec{F}_x+\vec{F}_y=\vec{G}+\vec{F}_v+\vec{F}_j+\vec{F}_f \tag{7.7}$$

将式（7.7）转化为代数方程，则甘薯在坐标轴x轴和y轴方向受到的作用力分别为：

$$F_x=\cos\alpha(F_v+F_j+F_f) \tag{7.8}$$

$$F_y=\sin\alpha(F_v+F_j+F_f)+G \tag{7.9}$$

式中，α为第二段杆条升运链倾角，（°）。

由式（7.7）至式（7.9）可知，在输送分离过程中，甘薯主要受F_v、F_j、F_f的合力作用，相当于会产生一种刚性挤搓力F_a，极易造成甘薯的损伤。当α=0时，即水平输送时，F_x=F_v+F_j+F_f，F_y=G，甘薯在竖直方向受力为G，水平方向受力大小为F_v、F_j、F_f的数量和，如果改变输送角度α，甘薯所受合力也随之变化。

根据分析可知，杆条升运链是采用一定间距排列的杆条进行输送分离的，薯土由喂入口连续不断进入杆条输送面，由低至高进行边输送边分离，如果输送分离距离过长，且输送线速度过小，将导致薯土在升运链靠近拢薯器区域形成动态堆积，增加了输送分离时间，进而也增大了甘薯所受摩擦力F_f、挤压力F_j、冲击力F_v的时间，极易造成甘薯的损伤；如果杆条运转速度过大，根据动量定理，冲击力大小与冲击前后速度差呈正比，当高速运行的甘薯接触土块、杆条或甘薯的瞬间，将产生较大的冲击力F_v，极易产生损伤。因此，在不影响薯土分离及输送效果的前提下，可以通过选取合适的杆条升运链运行速度、杆条间距、杆条表面覆盖材料、拢薯口以达到降低输送分离损伤之目的。

以杆条线速度2.1m/s为例，开展不同杆条直径、杆条间距、杆条材料、出薯口宽度等参数对甘薯损伤影响试验研究，具体试验条件如表7.3所示。

表7.3 链杆及拢薯器出薯口改进参数

状态	杆条线速度（m/s）	杆条直径（mm）	杆条间距（mm）	杆条材料	出薯口宽度（mm）
优化前	2.1	18	70	无缝钢管	800
优化后		16	75	外层丁苯橡胶 内芯无缝钢管	1 080

由试验可知，杆条线速度为2.1m/s时，杆条直径为16mm，杆条间距为75mm，且杆条外层采用柔性材料丁苯橡胶材料，拢薯器出薯口宽度为1 080mm，测试商薯19、阜薯24、郑薯20等不同品种薯块的损伤情况，其总损失率均优于改进前的值，损伤特征主要仍为表面擦伤，可知该组参数组合能有效减小甘薯输送分离损伤，具体参数如表7.4所示。

表7.4 优化杆条及拢薯器后甘薯损伤率统计 （单位：%）

状态	品种	表面擦伤损伤率	压损损伤率	薯肉缺损损伤率	断裂损伤率	总损伤率
优化前	商薯19	1.20	0.10	0.16	0.17	1.63
	阜薯24	1.32	0.09	0.14	0.16	1.71
	郑薯20	1.55	0.13	0.22	0.20	2.10
优化后	商薯19	1.05	0.12	0.13	0.10	1.40
	阜薯24	1.21	0.09	0.13	0.12	1.55
	郑薯20	1.42	0.12	0.22	0.18	1.94

注：杆条升运器的杆条线速度为2.1m/s。

7.3.2 甘薯抛落损伤分析

抛薯过程是杆条升运链后端主要的薯块运动形式，直接影响甘薯的损伤率，其抛薯高度和抛薯轨迹受甘薯自身重力和离心力影响。当甘薯输送至升运器尾端时，甘薯被抛出的瞬间同时受到重力mg与离心力$m\omega^2 r$的作用，其中m为甘薯的质量，kg；ω为杆条升运链抛薯时的运行角速度，rad/s；r为甘薯旋转半径，mm。

为了研究甘薯实际抛出轨迹和抛薯高度，分析甘薯抛出后落地时的受力特点，选用甘薯B作为研究对象。根据运动原理可知，甘薯B抛出前瞬间受离心力和重力合力F_1的作用，由杆条升运链后端抛出后以一定的初速度向斜上方抛出，在忽略空气阻力的情况下，由于甘薯在运动过程中只受恒定不变的重力作用，其加速度等于重力加速度，作匀变速曲线运动。由斜抛运动方程及甘薯的运动参数可以求得甘薯B的运动轨迹及抛薯高度。以甘薯B抛出时与杆条的瞬时接触位置O作为坐标原点，以地面为参照，建立直角坐标系，如图7.9所示，甘薯B的初速度斜向上方，甘薯B脱离杆条升运链后仅受重力G作用，且大小恒定、方向向下，做匀变速曲线运动。甘薯B水平方向不受力，做匀速直线运动；竖直方向受到重力G作用，先做竖直上抛运动，到达最高点后做下抛运动，直到落地点C。

甘薯的运动方程如下。

速度：

$$v_x = v_1 \cos\alpha - v_0 \tag{7.10}$$

$$v_y = gt - v_1 \sin\alpha \tag{7.11}$$

位移：

$$x = v_1 t \cos\alpha - v_0 t \tag{7.12}$$

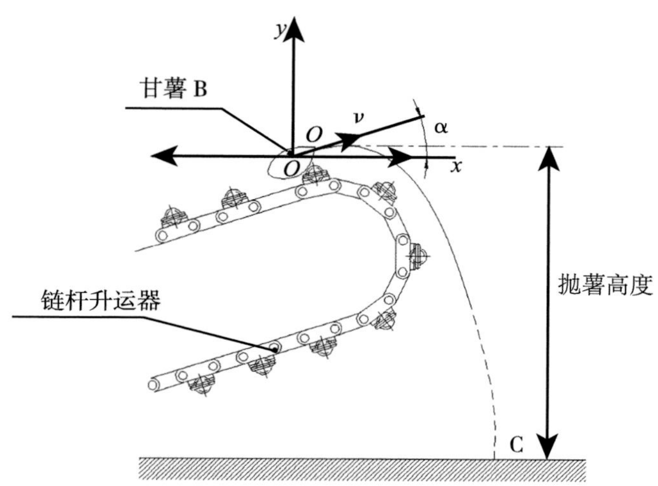

图7.9 抛薯运动过程坐标系

$$y = -v_1 t \sin\alpha + \frac{gt^2}{2} \tag{7.13}$$

由上式可得：

$$t = \frac{x}{v_1 \cos\alpha - v_0} \tag{7.14}$$

带入y可得：

$$y = \frac{g}{2(v_1 \cos\alpha - v_0)^2} x^2 - \frac{v_1 \sin\alpha}{v_1 \cos\alpha - v_0} x \tag{7.15}$$

式中，v_0为机具前进速度，1.6m/s；v_1为链杆线速度，m/s；α为第二段杆条升运链倾角，°；t为甘薯运动时间；g为重力加速度，9.81m/s^2。根据已知条件，得出甘薯运动方程为：

$$y=20.18x^2-1.96x \quad (v_1=2.3\text{m/s})$$

$$y=50.8x^2-2.8x \quad (v_1=2.1\text{m/s})$$

$$y=297x^2-6.18x \qquad (v_1=1.9\text{m/s})$$

运用Matlab软件拟合曲线得到甘薯B在不同链杆线速度下抛出后的运动轨迹，如图7.10所示。

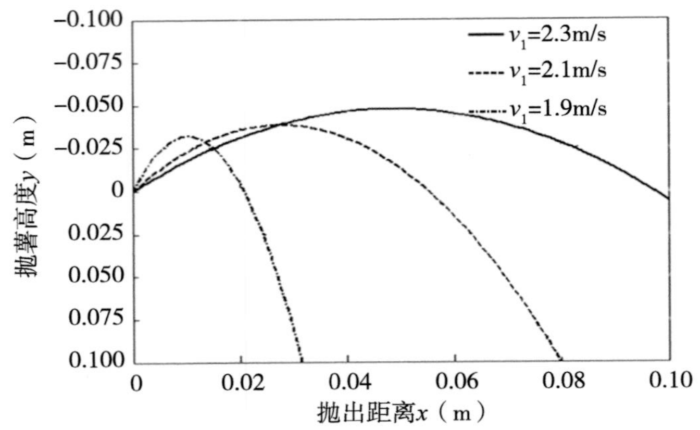

图7.10　杆条升运链的抛薯轨迹

根据式（7.15）及运动轨迹可知，在忽略空气阻力的抛薯运动中，倾角α一定时，初速度越大，抛出距离x和抛薯高度y越大。甘薯落地时撞击瞬时速度取决于抛薯高度。当甘薯落地撞击在地面C点时，对甘薯B进行受力分析可知，甘薯撞击的瞬间受到自身的重力mg以及撞击地面产生冲击力的作用反力F'_c，作用反力F'_c大小与冲击力F_c大小相等，方向相反。

由动量定理知冲击力$F_c=mv/t$，式中，t为撞击时的接触时间，速度v由落地时甘薯自身重力mg所产生。冲击力是产生甘薯落地损伤的重要原因之一，由于甘薯的质量m不一致，不同的薯块个体产生的冲击力大小有差异，所以本研究不对冲击力的具体数值进行具体分析，而通过理论分析来揭示造成冲击力产生的因素，从而针对该影响因素进行优化。由冲击力公式$F_c=mv/t$可知，抛薯高度越大，甘薯下落至地面时的速度就越大，进而撞击地面所受冲击力F_c就越大，甘薯就易损伤。为了减小甘薯在落地时的损伤，应根据抛薯轨迹优化机具前进速度与链杆运行速度的匹配关系、合理设计杆条升运链的倾角大小，保证在顺畅抛薯前提下减小因抛薯过高而造成的损伤。

在完成甘薯输送分离损伤分析后，进一步对杆条运行速度、机具前进速度、杆条升运链倾角进行优化：杆条线速度v_1=2.1m/s，机具前进速度v_0=1.9m/s，第二段杆条升运链倾角α=16°，优化前后不同品种具体损伤情况如表7.5所示，根据优化前后的试验结果对比可知，甘薯因抛薯过高而造成伤薯的总损失率情况得到改善。

表7.5 优化运动参数及倾角后薯块损伤率统计分析 （单位：%）

状态	品种	表面擦伤损伤率	压损损伤率	薯肉缺损损伤率	断裂损伤率	总损伤率
优化前	商薯19	1.05	0.12	0.13	0.10	1.40
	阜薯24	1.21	0.09	0.13	0.12	1.55
	郑薯20	1.42	0.12	0.22	0.18	1.94
优化后	商薯19	0.95	0.11	0.09	0.09	1.24
	阜薯24	1.18	0.08	0.12	0.10	1.48
	郑薯20	1.40	0.10	0.23	0.15	1.88

7.4 田间试验及分析

本章设计的4GS-1500型升运链式甘薯收获机，有效作业幅宽为1 500mm，最大挖深300mm，宜两垄收获，配套动力为东方红-LX904型四轮拖拉机，拖拉机后轮距为1 630mm。

试验地为商丘市农林科学院甘薯种植基地，土质为沙壤土。依据《甘薯机械化起垄收获作业技术规程》（DB 41/T 1010—2015），开展田间试验和作业质量检测，研究杆条线速度、升运链倾角对甘薯分段收获设备作业质量指标明薯率和伤薯率的影响，研究防缠绕装置对明薯率、伤薯率和作业顺畅性的影响。

试验收获前采用甘薯秧蔓粉碎还田机进行藤蔓粉碎还田作业，垄沟藤蔓粉碎率为92%，垄沟留茬平均长度为145mm，贴地匍匐严重的残蔓长度依然能达到500mm以上。

（1）土壤情况测定。在收获前对选定试验地土壤绝对含水率和土壤坚实度进行测定。在试验地块随机取10点，每点分别在深度范围为0～10cm和10～20cm各取一点进行测定，取样时要保持土壤原来的自然状态，测得试验田土壤含水率平均值为7.3%；在试验地块随机选5点，分别在每点的0～5cm、5～10cm、10～15cm、15～20cm处测量土壤坚实度，最后计算出土壤坚实度总平均值为120.3kPa。

（2）试验地种植垄体测定。甘薯收获机是在收获期进行作业的，所以收获机设计时会充分考虑甘薯生长后期垄形的变化情况，机具作业应根据测定的垄形进行参数调整。在试验地随机取三垄，每垄取三点进行垄形测量，垄体测定参数见表7.6。

表7.6　甘薯种植垄体参数测定　（单位：cm）

测量点次	项目				
	株距	垄高	垄顶宽	垄底宽	垄距
1	22.5	22	30	66	90
2	22.2	21	31	67	88
3	20.8	19.5	30	63	90
4	20.6	19.5	30	64	90
5	22	19	31	64	90
6	22.6	20.5	31	65	90
7	22.8	22	30.5	64	90.5

（续表）

测量点次	项目				
	株距	垄高	垄顶宽	垄底宽	垄距
8	23.1	21	33	65	87
9	23.5	19	31	63	90
平均	22.2	20.4	30.8	64.6	89.5

（3）试验品种选择。试验品种为商薯19。商薯19种植面积大，在国内具有较强的代表性，薯型为长纺形，薯块平均重200g，薯蔓平均长度为2 500mm，薯蔓平均直径8mm。

图7.11为4GS-1500型甘薯收获机田间试验作业。

图7.11　4GS-1500型甘薯收获机田间试验作业

7.4.1　杆条线速度对收获质量的影响

为研究杆条线速度对甘薯收获机收获质量的影响，将机具前进速度设为1.6m/s、第二段升运链倾角设16°，杆条线速度分别以1.9m/s、2.0m/s、2.1m/s、2.2m/s、2.3m/s 五种不同的速度，每次收获2垄，按试验测试要求检测甘薯损伤情况。

根据该试验方案田间试验，得到不同杆条线速度下甘薯伤薯率和明薯率，统计结果如表7.7所示。用SPSS Statistics软件和Excel软件分别对不同杆条线速度对收获质量的影响进行单因素方差分析，结果如表7.8所示。

表7.7 不同线速度明薯率、伤薯率统计

编号	前进速度（m/s）	第二段升运链倾角（°）	杆条线速度（m/s）	明薯率平均值F（%）	伤薯率平均值F（%）
1	1.6	16	1.9	100.0	2.8
2	1.6	16	2.0	99.8	2.3
3	1.6	16	2.1	99.5	2.0
4	1.6	16	2.2	99.6	2.2
5	1.6	16	2.3	99.9	2.3

表7.8 方差分析

方差来源		平方和	df	均方	F	显著性水平
F	组间	32.509	4	8.127	6.126	0.009
	组内	13.267	10	1.327		
	总和	45.776	14			
Y	组间	909.600	4	227.400	3.668	0.043
	组内	620.000	1	62.600		
	总和	1 529.600	14			

根据试验结果分析可知，随着杆条线速度的增大，甘薯明薯率和伤薯率均呈先下降后上升的趋势。一开始，杆条线速度较慢时，薯块在升运链工作面上停留的时间长，薯块与土壤分离比较彻底，薯块与机具之间碰撞以及相互间碰撞较多，所以损伤较高。随着杆条线速度增加，薯块在升运链工作面上停留时间减短，薯土分离程

度降低，因为土壤阻隔，薯块与机具之间的碰撞机会减少，伤薯率也随之降低。随着杆条线速度继续增加，杆条抖动频率增加，有助于薯块与土壤分离，同时，杆条线速度增加后，薯块抛出高度也相应增高，抛落损伤增大，从而整体伤薯率增大。

明薯率变化趋势与伤薯率相同，杆条线速度较慢时，薯块在升运链工作面上停留的时间长，薯块与土壤分离比较彻底，明薯率高。随着杆条线速度的增加，薯块在升运链工作面上停留时间减短，薯土分离程度降低，土壤较多，明薯率也降低了。随着杆条线速度继续增加，杆条抖动频率增加，有助于薯块与土壤分离，明薯率升高。因此，甘薯伤薯率和明薯率变化趋势均随着杆条线速度的增加先降低后升高。

7.4.2 升运链倾角对收获质量的影响

为研究升运链倾角对甘薯收获机收获质量的影响，将机具前进速度设为1.6m/s、杆条线速度设为2.1m/s，甘薯收获机第二段升运链倾角分别调整为14°、15°、16°、17°、18°五种不同的倾斜角，每次收获两垄，按试验测试要求检测甘薯损伤情况。

根据该试验方案得到不同杆条线速度下甘薯伤薯率和明薯率，结果统计如表7.9所示。用SPSS Statistics软件和Excel软件分别对不同升运链倾角对收获质量的影响进行单因素方差分析，结果如表7.10所示。

表7.9 不同倾角明薯率、伤薯率统计

编号	前进速度（m/s）	杆条线速度（m/s）	升运链角（°）	明薯率平均值F（%）	伤薯率平均值F（%）
1	1.6	2.1	14	96.7	1.8
2	1.6	2.1	15	98.2	1.8
3	1.6	2.1	16	99.5	2.0

（续表）

编号	前进速度（m/s）	杆条线速度（m/s）	升运链角（°）	明薯率平均值F（%）	伤薯率平均值F（%）
4	1.6	2.1	17	99.6	2.3
5	1.6	2.1	18	99.9	2.6

表7.10　方差分析

方差来源		平方和	df	均方	F	显著性水平
F	组间	32.509	4	8.127	6.126	0.009
	组内	13.267	10	1.327		
	总和	45.776	14			
Y	组间	909.600	4	227.400	3.668	0.043
	组内	620.000	1	62.600		
	总和	1 529.600	14			

根据试验结果分析可知，随着升运链倾角的增大，甘薯明薯率和伤薯率均呈上升趋势。一开始，升运链倾角较小时，升运器工作面垂直方向抖动幅度小，薯土分离效果相对较弱，同时，抛出角度小，抛出高度低，伤薯率低。随着升运链倾角的增加，升运链工作面垂直方向抖动幅度增大，薯土分离效果增大，薯块抛出角度和抛出高度也增大，伤薯率也随之升高。明薯率变化趋势与伤薯率相同，升运链倾角较小时，升运链工作面垂直方向抖动幅度小，薯土分离效果相对较弱，有较多的土垡随着薯块一同被输送至链杆末端被抛送出去，造成埋薯增多，明薯率较低。随着升运链倾角增加，升运链工作面垂直方向抖动幅度增大，薯土分离效果变强，土垡被破碎从链杆间隙落下，最后随薯块一同抛出的土垡减少，明薯率升高。因此甘薯伤薯率和明薯率变化趋势都随着升运链倾角增加而升高。

通过田间试验，优选出杆条线速度2.1m/s，第二段升运链倾角16°组合，伤薯率和明薯率均为比较合理的值。确定了主要参数后，以甘薯伤薯率和明薯率为指标，在试验地开展试验，检测结果符合各项设计指标。

7.4.3 防缠绕试验分析

试验按照安装防缠绕装置和不安装防缠绕装置、封闭漏土栅和打开漏土栅四种状态进行，取得的试验结果如表7.11所示。

表7.11 不同作业状态的薯块收获作业质量情况

工况	状态	明薯率（%）	伤薯率（%）	作业顺畅性（%）	生产率（hm^2/h）
安装防缠绕装置	打开漏土栅	98.2	2.1	100.0	5.9
	封闭漏土栅	98.0	2.0	98.3	5.6
去掉防缠绕装置	打开漏土栅	95.8	11.5	57.6	5.4
	封闭漏土栅	95.5	11.3	56.3	5.0

可以看出，未安装防缠绕装置：明薯率下降，伤薯率大大增加，作业顺畅性明显下降，生产率降低。由于没有防缠绕装置，收获机作业时，两侧板在垄沟中前进，垄沟的碎秧和长残蔓在侧板上越积越多，机具负荷越来越大，作业速度有所下降，故生产率降低；缠绕的蔓逐步增多，大大影响了筛面土壤的流动性和分离特性，故堆积的蔓、土渐多，机具入土也受影响，挖掘深度也由深变浅，故挖伤的薯块增多，伤薯率上升，不少半截薯残留在土中，造成埋薯率上升，明薯率下降。当残蔓等堆积到一定程度，机具已无法前进时，只得停机清理，否则机具将损坏而无法作业，造成作业顺畅性较差。

在打开和封闭漏土栅装置时：由于封闭漏土栅，造成经过筛面的土壤增多，导致明薯率有所下降，但正因为筛面上土壤增多，减少了薯块与杆条等碰撞的机会，从而降低了薯块的损伤机会，所以伤薯率降低。此外，由于筛面土壤的增多，前行阻力增大，导致作业顺畅性降低，生产率减小。

7.5 研究结论

（1）4GS-1500型甘薯收获机是一款杆条升运链式的分段收获机，主要由悬挂架、变速箱、带传动系统、张紧机构、拢薯调节板、导薯栅、支撑轮、杆条升运链、机架系统、破土防缠装置、限深轮等组成，可一次完成限深挖掘、输送清土、成条铺放等作业，与拖拉机三点悬挂连接，配套动力50kW以上，作业效率0.2～0.4hm^2/h，作业幅宽为1 500cm。

（2）4GS-1500型甘薯收获机升运链系统采用了两段式输送结构，第一段输送链倾角为24.8°，第二段输送链倾角为16°，升运系统总倾角为19°，保障了前端薯土分离效果好，后端输送效果、作业质量理想的作业状况。

（3）4GS-1500型甘薯收获机造成的甘薯损伤主要发生在杆条升运链输送、分离和抛落薯过程中。输送分离，甘薯会发生动态堆积，输送分离时间越长，甘薯所受摩擦力、挤压力、冲击力的时间越长，越易造成伤薯。抛落薯时，杆条运行速度越大，抛薯高度越高，撞击地面的反作用力越大，薯块损伤率越高。

（4）改进后的杆条采用双层结构，杆条直径为16mm，链杆间距为75mm，拢薯器出薯口宽度为1 080mm，可有效减少甘薯动态堆积，减小输送阻力、冲击力和摩擦力。优化杆条运行速度为2.1m/s、机具前进速度1.9m/s、第二段杆条升运链倾角16°时，甘薯因抛落伤薯现象得到较大改善。

（5）安装防缠绕装置有利于提高明薯率、降低伤薯率、提升作业顺畅性、保障生产率；采用两侧漏土栅结构有利于提高明薯率、作业顺畅性和生产率，但会小幅增加伤薯率。

7.6 应用推广情况

专利权人“农业农村部南京农业机械化研究所”以该技术先后与“南通富来威农业装备有限公司”等农机行业骨干企业开展合作，并以4GS-1500型升运链式甘薯收获机关键技术为基础，形成单行、双行等系列产品（图7.12），并已实现量产，销售至全国；在黄淮海、华北、长江流域甘薯种植区示范推广应用，有力地支撑了甘薯产业健康发展。

图7.12 单行、双行升运链式系列甘薯收获机

8　4GL-1型甘薯收获挖掘犁研究设计

收获挖掘犁是甘薯分段收获机中的一个类型，因结构简单、造价低、土壤适应性强等特点，非常适合小种植户、小规模种植收获作业，也因伤薯率较低，常用于鲜食或种用甘薯的收获。本章节以4GL-1型收获挖掘犁为对象，开展研究设计。

8.1　整体结构与工作原理

8.1.1　整体结构

4GL-1型挖掘犁主要由犁壁、犁柄、调节装置、连接架等组成，如图8.1所示。挖掘犁犁体采用对称式设计，两个具有相同几何形状的犁壁按照一定角度焊接为一体，犁壁Ⅰ后侧向上弯一定角度形成犁壁Ⅱ，在完成松破土同时使土向两侧翻转，使薯块翻出落在垄面上。收获犁设计有犁体入土角调节装置，以便根据不同土壤和地况来调整犁体的入土角。犁柱通过U形卡与固定挖掘犁的连接架固定，并可使犁柱在连接架内上下移动，调整挖掘犁入土深度（挖深）。

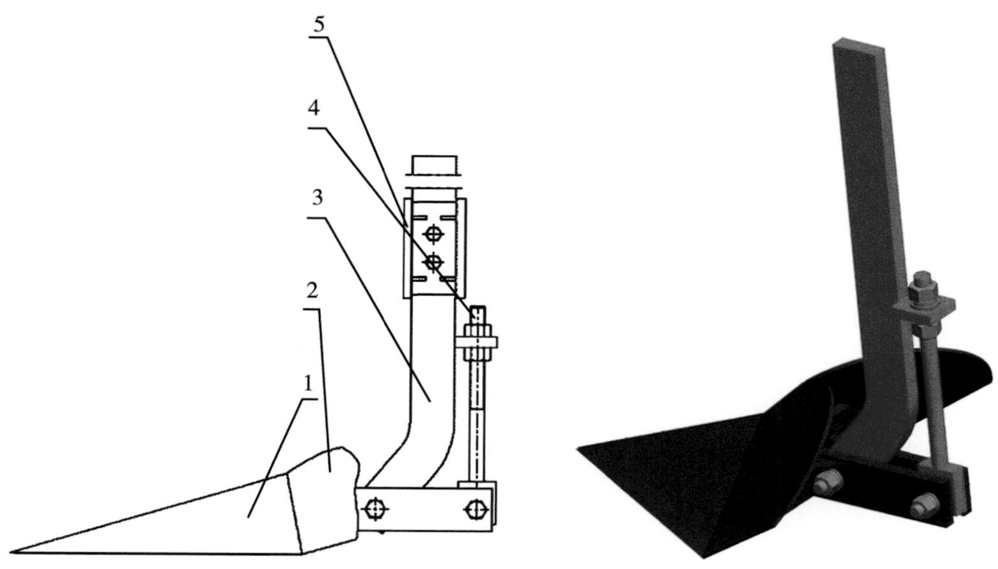

1—犁壁Ⅰ；2—犁壁Ⅱ；3—犁柄；4—调节装置；5—连接架。

图8.1 甘薯收获挖掘犁

8.1.2 主要工作原理

该机通过支撑平台与四轮拖拉机悬挂作业，可一次完成入土破垄、挖掘碎土、翻薯出土等收获作业。挖掘犁入土垄收获作业时，犁尖先入土，然后犁体进入垄中，靠挖掘犁壁将土壤翻起，并靠犁壁的两段式不同角度的结构实现对土壤的挤压、破碎，实现薯块与土壤的分离，将薯块从土里翻到地表，然后由人工将薯块从土中捡出装箱，入土深度适宜时，损伤率较低，尤其适合黏重土壤等土块与薯块难以分离地区的生产作业。

8.1.3 主要技术参数

4GL-1型甘薯挖掘犁的主要结构及性能参数见表8.1。

表8-1　4GL-1型甘薯挖掘犁的主要结构及性能

项目	参数
单犁配套动力（kW）	18.64 ~ 22.37
挖掘宽度（mm）	340
适宜垄距（mm）	800 ~ 1 000
挖掘深度（mm）	0 ~ 300可调
入土角（°）	0 ~ 26可调
犁体上下调节范围：300mm	

8.2　挖掘犁力学分析与参数设计

8.2.1　挖掘犁力学分析

由4GL-1型挖掘犁的收获挖掘机理分析可知，挖掘犁的工作阻力F可以看作挖掘犁犁壁Ⅰ、犁壁Ⅱ的受力F_1、F_2和犁柄的受力F_3两部分构成（图8.2、图8.3）。即$F=F_1+F_2+F_3$。犁体在垄体中运动在一定角度牵引力作用下切入土壤，作用在犁体上的力包括牵引阻力、摩擦阻力、切削阻力及土壤重力形成的法向载荷，对犁体的犁壁进行受力分析。建立平衡方程并整理可得：

（1）犁壁Ⅰ受力。

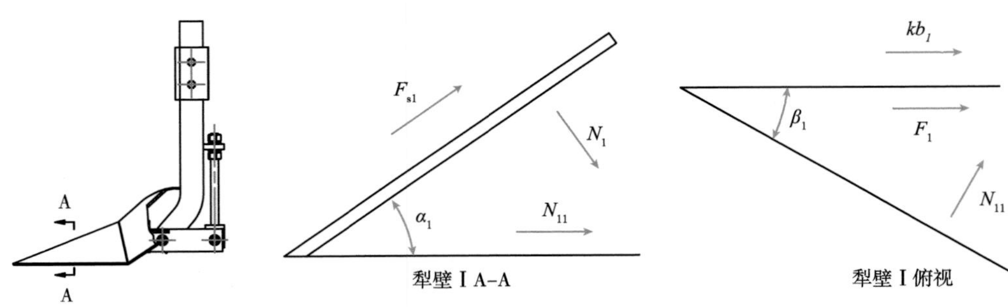

图8.2　犁壁Ⅰ受力分析

$$N_{11} = N_1 \times \sin\alpha_1 + \mu N_1 \times \cos\alpha_1$$
$$F_1 = N_{11} \times \sin\beta_1 = N_1 \times \sin\alpha_1 \times \sin\beta_1 + \mu N_1 \times \cos\alpha_1 \times \sin\beta_1 + kb_1 \quad (8.1)$$

图8.2中N_{11}为作用到犁壁Ⅰ上的力向地面的投影力，N；N_1为作用到犁壁Ⅰ的法向载荷，N；α_1为犁壁Ⅰ与地面的夹角，°；F_1为犁壁Ⅰ所受的水平阻力，N；β_1为犁壁Ⅰ的开度角，°；μ为犁壁与土壤的摩擦系数；k为单位幅宽土壤的纯切削阻力，N/mm；b_1为犁壁Ⅰ宽度，mm。

（2）犁壁Ⅱ受力。

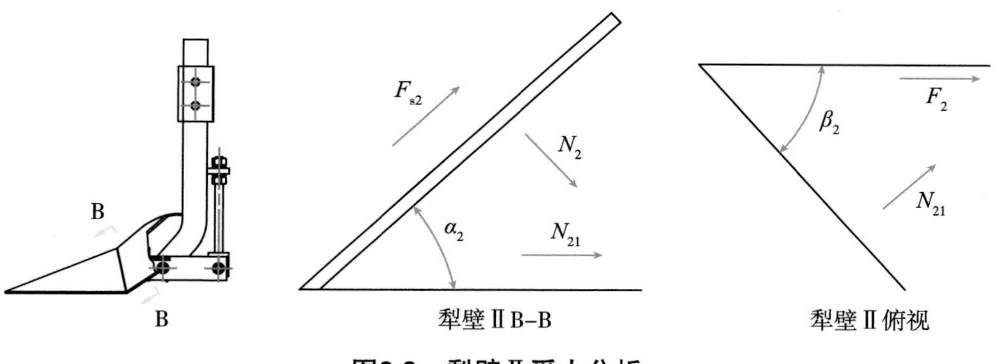

图8.3　犁壁Ⅱ受力分析

$$N_{21} = N_2 \times \sin\alpha_2 + \mu N_2 \times \cos\alpha_2$$
$$F_2 = N_{21} \times \sin\beta_2 = N_2 \times \sin\alpha_2 \times \sin\beta_2 + \mu N_2 \times \cos\alpha_2 \times \sin\beta_2 + kb_2 \quad (8.2)$$

式中，N_{21}为作用到犁壁Ⅱ上的力向地面的投影力，N；N_2为作用到犁壁Ⅱ的法向载荷，N；α_2为犁壁Ⅱ与地面的夹角，°；F_2为犁壁Ⅱ所受的水平阻力，N；β_2为犁壁Ⅱ的开度角，°；μ为犁壁与土壤的摩擦系数；k为单位幅宽土壤的纯切削阻力，N/mm；b_2为犁壁Ⅱ宽度，mm。

一般情况下，甘薯种植地土壤黏度适中，无大的石块，犁体切削土壤所受的纯切削阻力很小，可忽略不计，因此可得犁体犁壁的受力F_1、F_2分别为：

$$\begin{aligned} F_1 &= N_1 \times \sin\alpha_1 \times \sin\beta_1 + \mu N_1 \times \cos\alpha_1 \times \sin\beta_1 \\ F_2 &= N_2 \times \sin\alpha_2 \times \sin\beta_2 + \mu N_2 \times \cos\alpha_2 \times \sin\beta_2 \end{aligned} \tag{8.3}$$

式中，两项内容分别包括法向力N_1和N_2，因此挖掘犁犁体受力主要是土壤的反作用力，图8.4、图8.5是工作时挖掘铲起的土块受力分析，建立垂直和水平方向上的受力平衡方程式，为了简化公式，便于理解，记$t_1=C_1S_1+B_1$，$t_2=C_2S_2+B_2$，方向分别与$\mu_1 \cdot N_3$，$\mu_2 \cdot N_4$相同。则有式（8.4）：

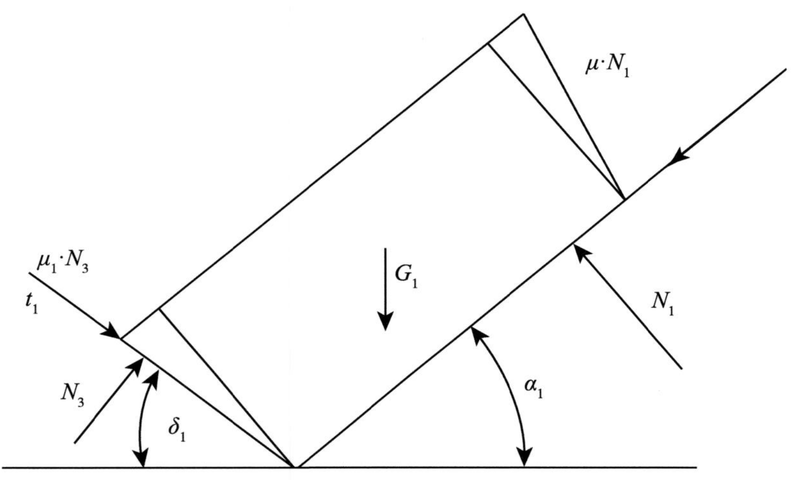

图8.4　犁壁Ⅰ上部土壤受力分析

$$\begin{aligned} G_1 - N_1(\cos\alpha_1 - \mu\sin\alpha_1) - N_3(\cos\delta_1 - \mu_1\sin\delta_1) + t_1\sin\delta_2 = 0 \\ N_1(\sin\alpha_1 + \mu\cos\alpha_1) - N_3(\sin\delta_1 + \mu_1\cos\delta_1) - t_1\cos\delta_1 = 0 \end{aligned} \tag{8.4}$$

式中，G_1为犁壁Ⅰ作用的土壤块重力，N；μ_1为土壤之间的摩擦系数；N_3为作用于前侧的法向载荷，N；δ_1为前失效角的倾角，°；S_1为前剪切失效面的面积，mm^2；C_1为土壤内聚力，N/mm^2，由土壤性能决定；B_1为土壤加速力，N。

记t=CS+B，表示土壤受剪切过程中内聚力和加速力综合作用力，其中B=md_v/d_t，式中m为加速土壤的质量，t为加速时间。

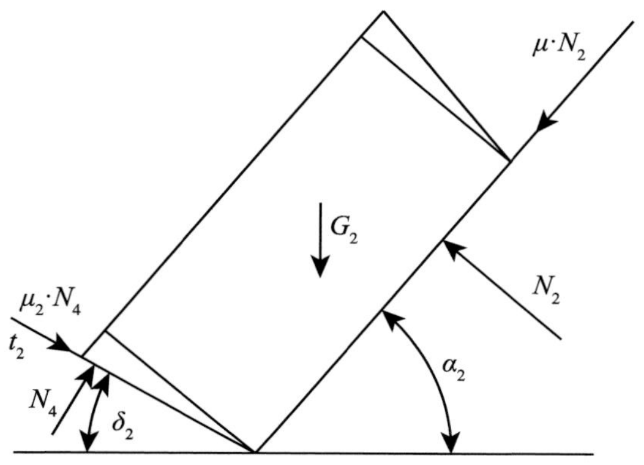

图8.5 犁壁Ⅱ上部土壤受力分析

$$\begin{aligned} G_2 - N_2(\cos\alpha_2 - \mu\sin\alpha_2) - N_4(\cos\delta_2 - \mu_2\sin\delta_2) + t_2\sin\delta_2 = 0 \\ N_2(\sin\alpha_2 + \mu\cos\alpha_2) - N_4(\sin\delta_2 + \mu_2\cos\delta_2) - t_2\cos\delta_2 = 0 \end{aligned} \tag{8.5}$$

式中，G_2为犁壁Ⅱ作用的土壤块重力，N；μ_2为土壤之间的摩擦系数；N_4为作用于前侧的法向载荷，N；δ_2为前失效角的倾角，°；S_2为前剪切失效面的面积，mm²；C_2为土壤内聚力，N/mm²，由土壤性能决定；B_2为土壤加速力，N。

方程联立，分别消去N_1、N_3和N_2、N_4，经过整理可得式（8.6）：

$$\begin{aligned} F_1 = \frac{(G_1\sin\delta_1 + G_1\mu_1\cos\delta_1 + t_1)(\sin\alpha_1\sin\beta_1 + \mu\cos\alpha_1\sin\beta_1)}{(\mu+\mu_1)(\cos\alpha_1\cos\delta_1 - \sin\alpha_1\sin\delta_1) + (1-\mu\mu_1)(\sin\alpha_1\cos\delta_1 + \cos\alpha_1\sin\delta_1)} \\ F_2 = \frac{(G_2\sin\delta_2 + G_2\mu_2\cos\delta_2 + t_2)(\sin\alpha_2\sin\beta_2 + \mu\cos\alpha_2\sin\beta_2)}{(\mu+\mu_2)(\cos\alpha_2\cos\delta_2 - \sin\alpha_2\sin\delta_2) + (1-\mu\mu_2)(\sin\alpha_2\cos\delta_2 + \cos\alpha_2\sin\delta_2)} \end{aligned} \tag{8.6}$$

犁柄上端通过固定连接架紧固于机架上，使挖掘犁对机架既不能有相对移动，也不能有相对转动，可将此固定座简化为固定端支座，即固定端；作用在犁柄上的力主要分布在下端，来自于犁体的阻力，其分布范围远小于犁柄的长度，可简化为集中力。因此，可将犁柄简化为矩形截面悬臂梁，其受力如图8.6所示。悬臂梁的固定端受垂直反力F_{RA}和反作用力偶M_A。由平衡方程$\sum F_y=0$，$\sum M_A=0$，求得$F_{RA}=F_1+F_2$，$M_A=(F_1+F_2)L$，选取坐标系如图8.6所示。在距原点为X的横截面左侧，有支反力F_A、M_A，但在截面的右侧只有均布载荷。所以，宜用截面右侧的外力来计算剪力和弯矩。计算F_3和M为：$F_3=F_1+F_2$，$M(x)=(F_1+F_2)\times(L-X)$，绘出剪力、弯矩如图8.7所示。

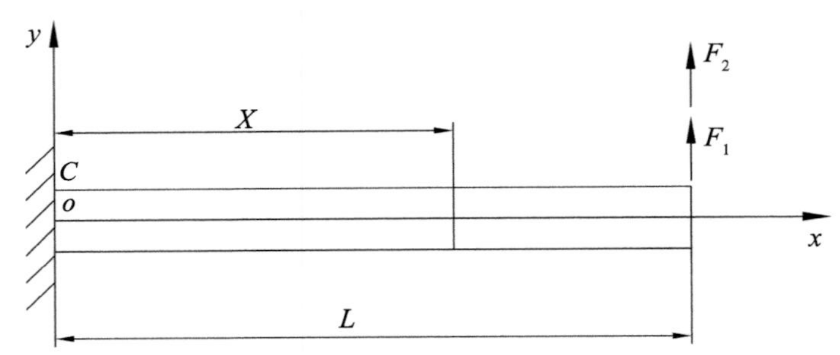

图8.6　铲柄的受力分析图

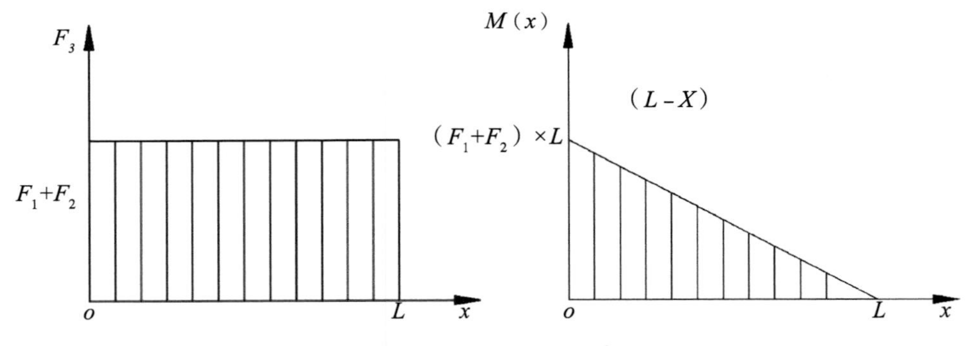

图8.7　铲柄的剪力和弯矩

从弯矩图看出，最大弯矩在截面C上，且$M_{max}=(F_1+F_2)L$。由分析可知，铲柄截面C处为薄弱环节。

8.2.2 数学模型的验证

测定实际工作中挖掘犁的参数，并根据建立的数学模型进行理论计算，得到4GL-1型挖掘犁的相关数据。再通过试验来测定挖掘犁在田间作业时的实际受力状况，并把试验所测到的实际受力数据和理论数据进行比较和分析，来检验建立的数学模型是否能够反映挖掘犁的实际受力状况。

试验地域选取在南京周边有代表性的丘陵薄地，地点是句容市的甘薯种植地，土质为黏土。挖掘犁的牵引驱动动力使用了黄海金马254A拖拉机，挖掘犁部件为本章所设计的双翼式挖掘犁，其他测试设备包括阻力传感器、测量卷尺、直尺、秒表等。

试验地块选取长度为150m、宽度为60m的平坦地面，为了保证试验的稳定性和可靠性，设定前20m为入土非稳定区，后20m为出土非稳定区，中间100m为试验测试区。试验选定两种深度（0.2m和0.3m）和两种速度（1.5km/h和3km/h）进行交叉试验，共取得4个值来验证。

为了保证试验的准确性，分别改变前进速度和工作深度，反复进行多次试验，对结果进行分析处理，去除干扰因素产生的不利影响，最终得到试验结果见表8.2所示。

表8.2 挖掘犁参数试验结果

参数 [挖掘深度d（m）和速度V（km/h）]	试验值F （N）	计算值F' （N）	误差（$F-F'$） （%）
d=0.2，V=1.5	1 820	1 736	4.8
d=0.2，V=3	1 966	1 846	6.5
d=0.3，V=1.5	2 120	1 979	7.1
d=0.3，V=3	2 347	2 183	7.5

通过表8.2可以看出，当挖掘深度0.2m，作业速度1.5km/h时，实际测试阻力为1 820N，理论计算阻力为1 736N，两者相差4.8%；当挖掘深度0.3m，作业速度3km/h时实际测试阻力为1 966N，理论计算阻力为1 846N，两者相差6.5%，速度和深度相应增加时误差有所增大，但增加比例正向相关，说明建立的数学模型与工作实际过程的受力状况基本吻合。由于田间试验条件不易控制，土壤各参数的测定可能存在一定误差，但建立的数学模型基本反映了挖掘犁在田间的实际受力情况，试验结果对挖掘犁生产作业参数设计和设定调整提供了较好的指导意义。

8.2.3 挖掘犁主要参数设计调节

犁面形状、入土角、挖掘深度是影响4GL-1型甘薯收获挖掘犁作业质量和前行阻力的重要因素。犁体采用对称式设计，将两个具有相同几何形状的犁壁按照一定角度焊接为一体，呈双翼形状，犁壁的后侧向上弯一定角度，在完成松土破土的同时使土向两侧翻转，使薯块被挖掘出铺放在垄面上。

挖掘犁设计有犁体入土角调节装置（图8.8），便于根据不同土壤和地况来调整犁体入土角，倾角调整采用螺杆调节原理，螺杆垂直安装在犁柄后侧支座内，犁柱与犁壁后支板铰接，当调节螺母时，螺杆在支座内上下移动，从而带动犁体围绕犁壁后支板铰接点转动，该调节装置可以实现犁体入土角的无级调节，犁体可在0°～26°（与地面夹角）的范围内移动。

犁柄通过U形卡与连接架固定，并可在连接架内上下移动，调整挖掘犁入土深度（挖深），并通过连接架可与收获犁支撑平台连接，然后与拖拉机三点悬挂连接，通过调整支撑平台下端的限深轮，可对挖掘犁起限深挖掘作用，使其基本保持在一定挖深范围内工作。安装时应确保犁面与平台的下平面距离超过400mm，防止收获时产生壅土现象。该机的主要设计参数为：挖掘宽度为340mm，入土角调节范围为0°~26°，犁体上下调节范围为300mm。

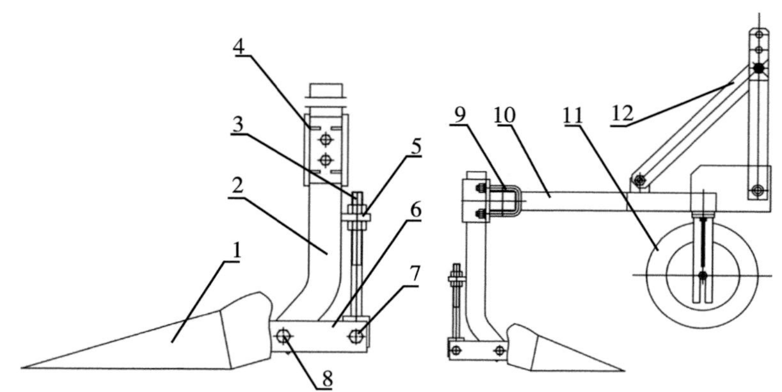

1—犁壁；2—犁柄；3—调节螺杆；4—连接架；5—后侧支座；6—后支板；7—铰接点Ⅰ；8—铰接点Ⅱ；9—U形连接卡；10—支撑平台；11—挖掘限深轮；12—与拖拉机连接三点悬挂架。

图8.8 起垄犁调节机构及配套支撑悬挂机构

8.3 田间试验考核

试验地点选在江苏省南京市六合区竹镇，地势平坦，土壤类型为黏重土壤，垄高为25cm，行距为100cm，株距平均为21cm，甘薯品种为‘苏薯16号’。作业时一次收获1行，4UGL-1型甘薯收获挖掘犁通过支撑平台与黄海金马254A窄轮距拖拉机配套，如图8.9所示。

图8.9　收获挖掘犁田间试验

田间试验考核表明，在该地区土壤湿度适宜（含水率10%～30%）的条件下，挖掘犁能较好地完成收获作业，如土壤湿度过大则土壤黏度加重，则机具作业的顺畅性受到一定影响，且薯土难以分离。土壤含水率为23.7%时，实际检测结果为：明薯率为97%，漏挖率为0.3%，伤薯率为1%，破皮率为1.5%。

8.4　研究结论

（1）4GL-1型甘薯收获挖掘犁结构简单、造价低、适应性强，非常适合小规模种植收获作业，常用于鲜食或种用甘薯的收获。本章设计的甘薯挖掘犁主要由犁壁、犁柄、调节装置、连接架等组成，与支撑平台组配后，可一次完成入土破垄、挖掘碎土、翻薯出土等收获作业。

（2）该收获挖掘犁通过三点悬挂支撑平台与四轮拖拉机悬挂作业，单犁配套动力为25～30马力，犁体挖掘宽度达到340mm，犁体入土角调节可达0°～26°，犁体上下调节范围为300mm，最大收获挖掘深度可达300mm。

（3）对收获挖掘犁作业时犁体受力进行建模分析，明晰了犁体所受牵引阻力、摩擦阻力、切削阻力及土壤重力等作用的机理，为挖掘犁生产作业参数设计和设定调整提供了指导意义。

（4）田间试验考核表明，在土壤湿度适宜（含水率10%～30%）的条件下，4GL-1型挖掘犁能较好地完成收获作业；土壤含水率为23.7%时，实测作业质量：明薯率为97%、漏挖率为0.3%、伤薯率为1%、破皮率为1.5%。

8.5 应用推广情况

以本章研发的4GL-1型甘薯收获挖掘犁关键技术为基础，先后与“徐州龙华农业机械科技发展有限公司”“四川川龙拖拉机制造有限公司”等农机行业骨干企业开展合作，与形成单行、双行、碎蔓机+挖掘犁组合式机具等系列产品，并已实现量产，在多省份试验示范和推广应用。适用于平原坝区或丘陵缓坡地沙壤土、壤土、黏土的甘薯起垄收获作业，特别是在黏重土壤种植区推广应用挖深、入土角可调的挖掘犁，收获前行阻力相对小，有效缓解了黏重土壤区无机可用现状。

9 宜机化碎蔓收获配套技术研究

除开展甘薯碎蔓收获相应机具研发外，农机农艺融合，以适宜机械化碎蔓、收获作业为目标，从起垄种植、田间管理、挖掘收获等全程机械化作业主要环节入手，“机制、基础、机具”相结合，以经济适用为原则，并综合各地自然条件和动力保有使用情况，研究甘薯宜机化碎蔓、收获配套技术，对于提升甘薯生产机械化整体水平具有重要意义。

9.1 宜机化碎蔓收获品种选育技术要求

目前国内的甘薯碎蔓收获机具设计是以当前生产中应用的甘薯生理特性为基础，尽可能地解决生产中存在的问题，但有些问题是农机设计制造不太容易解决或解决成本过高或严重影响生产效率和效益的，就需要农机农艺相融合，以宜机化作业导向，从品种选育、种植栽培等技术角度予以改进，能够相互适应，共同解决甘薯生产问题。

9.1.1 对机械化碎蔓收获作业质量影响较大的因素

（1）甘薯藤蔓茂盛、又长又粗、匍匐伏地严重，机械碎蔓难以一次性除净（降低切刀易入土，转速会降低，不易切断藤蔓，且会伤薯），残留藤蔓对后续收获机械缠绕严重，造成作业不顺畅，且易挂薯而薯块破损。

（2）在壤土或黏土区，薯块长得太长、过大，则收获时挖深将增大，大大增加了动力负荷，导致单垄挖掘作业配套动力较难选择，并会加速收获机具的损坏，机具寿命短。

（3）结薯范围不宜太宽，否则挖掘收获机具动力消耗大，且易伤薯。

（4）甘薯皮薄肉嫩，挖掘收获时薯块在机械上运动、薯块与土壤分离、捡拾装袋、运输搬运等过程中难免会发生碰擦，如薯块掉皮，则会影响鲜食型甘薯的外观品相和种用薯的贮藏。

9.1.2 宜机化碎蔓收获品种选育主要技术指标

针对上述主要影响因子，从薯蔓的长短粗细和薯块生长深度、大小、长短、结薯范围、抗损伤度等方面对适宜碎蔓收获作业的品种选育提出技术要求，有些要求难以在短期内能解决，并且多个影响因子也难以一次性解决的，故而根据这些因子的影响程度，排出优先级，作为目标方向，逐步解决实现（从前到后，重要性递减）。

（1）选育短蔓细茎品种，茎秆不要太粗，要求如下。

①北方薯区：蔓长≤250cm，茎粗≤0.60cm；

②长江流域薯区：蔓长≤200cm，茎粗≤0.65cm；

③南方薯区：蔓长≤120cm，茎粗≤0.65cm。

（2）薯块长度、大小应适宜。壤土和黏土区，薯块生长不易过深、过长、过大，宜选用短纺品种，薯块长度≤20cm，生长深度≤25cm。

（3）结薯范围应集中，结薯范围≤30cm。

（4）薯块表皮抗破损特性应较强，不易破损。

9.2　宜机化碎蔓收获栽培技术要求

碎蔓收获作业是甘薯田间生产的最后端环节，因此规范前端种植栽培技术对碎蔓收获作业质量提升非常重要。

9.2.1　统一规范种植规格

在一定区域范围内统一种植规格，便于拖拉机动力机械或自走式动力机械田间行走和耕种收各环节集成配套，也便于机具跨村、跨乡、跨区大面积作业，提高机具通用性、适应性，缩短机具成本回收周期。在不同区域推荐的垄距如下。

（1）平原地区中垄距。平原坝区、大型缓坡地等适宜中大型机械作业的地方优先推荐900mm种植垄距，其次是采用大型拖拉机作业可用1 000mm垄距，采用小型动力作业采用800mm种植垄距。

（2）丘陵地区小垄距。丘陵小田块等适宜微小型机具作业的地方优先推荐800mm种植垄距，如采用四轮拖拉机作业，建议采用900mm种植垄距。

（3）南方地区大垄距。广东、福建等南方种植区雨水充沛，中小垄距易浸泡垮塌，优先推荐采用1 100mm左右种植垄距。

9.2.2　净作种植优先

为适宜甘薯碎蔓、收获机具田间行走，提高作业效率，建议尽量采用净作种植方式。如与其他作物间作或套种，种植开度一定要便于机器行走作业，种植开度的宽度不宜小于配套动力拖拉机后轮距的整数倍，另外要留好地头，便于机具转弯调头。

采用覆膜铺管种植的，应采用不易破碎的厚膜，或挖掘收获前将薄膜收走；采用联合收获机作业时应将滴灌管收走，避免在机具上缠绕，影响作业。

9.3 宜机化碎蔓收获作业技术模式选择

为解决甘薯碎蔓收获农机农艺集成配套问题，以适宜机械碎蔓收获为目标，从起垄、中耕、移栽、碎蔓、挖掘收获等主要环节入手，统筹实现全程机械化作业匹配，研究提出6种机械作业模式，供不同种植区、拥有不同动力的种植户选择，具体如下。

9.3.1 单行起垄单垄碎蔓收获作业模式

该模式采用一台拖拉机可以完成单行单垄耕、种、收的全部作业，拖拉机轮子可行走在一垄的左右垄沟中，具有经济性较高、配套简单、适应性广、投入不高等优势，适宜多数地区中小田块作业。该模式适合配套动力为中小型四轮拖拉机，在丘陵小田块亦可使用手扶拖拉机或微耕机作业。

该模式较适宜的垄距为800mm、900mm、1 000mm；四轮拖拉机中可配套黄海金马254A、东方红280、黄海金马304A、山拖TS400Ⅲ等中小型拖拉机，其后轮距为960～1 050mm，较适合的垄距为900mm、1 000mm；小型动力中可配套手扶拖拉机为桂花151、东风151等，其轮距为800mm左右，较适合的垄距为800mm。

9.3.2 双行起垄单行碎蔓收获作业模式

该模式针对不少种植户已拥有大中型拖拉机（50马力以上）的现状，以减少购置新设备投入、尽可能提高作业效率为目的，其起垄作业可采用已拥有的大中型动力拖拉机，而后续的移栽、中耕、碎蔓、收获则采用较小动力的拖拉机。

该模式较适宜垄距为900mm、1 000mm；其起垄时可采用50、554、604、704等型号中大马力拖拉机，后轮距为1 350～1 450mm；而移栽、中耕、碎蔓、收获环节则可采用黄海金马254A、东方红

280、黄海金马304A、山拖TS400Ⅲ等中小型拖拉机单垄作业，轮距为960～1 050mm，拖拉机轮子可行走在一垄的左右垄沟中。

9.3.3 两行起垄两垄碎蔓收获作业模式

该模式比较易于实现耕种收作业机具的配套，可采用一台大马力拖拉机作为配套动力完成全部作业，具有作业效率相对比较高、易于被中大规模种植户接受、易于推广应用等特点。

该模式较适宜垄距为900mm、1 000mm；可采用804、854、90、904、100、1004等型号拖拉机一次起两垄作业，而后续的移栽、中耕、碎蔓、收获环节仍采用该机一次两垄完成作业，该型拖拉机轮距一般为1 600～1 800mm，拖拉机可跨两垄作业，轮子行走在两垄的垄沟中。

9.3.4 多行起垄两垄碎蔓收获作业模式

该模式针对平原坝区或丘陵缓坡地大面积种植区，可采用若干台大马力拖拉机分别完成耕种收全程作业，起垄作业时一次起四垄（便于后续每次两垄对行作业），而后续的移栽、中耕、碎蔓、收获等则一次完成两垄作业，主要是为提高起垄作业效率，但如起垄操作不当，也存在着后续作业对行性差问题。

该模式较适宜的垄距为800mm、900mm（旋耕起垄机配套旋耕机可为300型或350型），起垄时一次四垄，配套可采用1104、1200、1300等型大马力拖拉机；而移栽、中耕、碎蔓、收获等其他作业则一次两垄，配套采用804、854、90、904、100、1004等型大马力拖拉机，轮距一般为1 600～1 800mm。

9.3.5 宽垄单行起垄双行栽插碎蔓收获作业模式

该模式是在一条大垄上交错栽插双行，可为两行甘薯间铺设一条滴灌带提供便利，适合干旱缺水地区推广使用，经济性较好。此外，采用适宜的拖拉机可完成耕种收全程配套作业。

该模式较适宜的垄距为1 400mm（配套的旋耕起垄机幅宽约为2 800mm，可一次完成两垄作业），可采用1 400mm左右碎蔓机单垄碎蔓作业，收获时可采用1 200mm作业幅宽的挖掘收获机一垄一垄收获。该模式可配套754、804型拖拉机，轮距一般为1 400mm左右。目前，该种作业方式在新疆干旱缺水地区已有应用。

9.3.6 大垄双行起垄碎蔓收获作业模式

该模式适宜的大垄垄距为1 500～1 600mm，在大垄中间开一个小沟，就形成了两个小垄形式的大垄双行结构了，可采用754、80、804、90、904等拖拉机作业，拖拉机轮距一般为1 500～1 600mm，配套专用机具可实现起垄、中耕、碎蔓、收获等全程作业，该模式适宜平原地区作业。

9.4 甘薯碎蔓收获机械选型要点

我国甘薯种植田块大小不一，种植土壤复杂多样，研发生产的碎蔓收获机具类型也较多，如何选择适宜的作业机具，对甘薯碎蔓收获机械推广应用有重要促进作用。

9.4.1 轮距垄距相匹配原则

甘薯是旱地垄作种植的作物，其生产配套机具有自走式和牵引式（或悬挂式）两种，一般以牵引式（或悬挂式）结构居多，牵引的拖拉机一般都是轮式拖拉机；自走式机具较少，如联合收获机等，多为履带行走底盘。

由于起垄、中耕、移栽、碎蔓、挖掘收获等环节所需动力有差异，且作业要求不同：起垄时拖拉机行走在前，垄的形成在后，所以拖拉机的轮距一般略小于形成的垄宽度即可，而中耕、移栽、碎蔓、挖掘收获等环节是在垄已形成后，入垄作业的，拖拉机必须行走在垄沟中，轮距和垄距比较接近时方能较好作业，否则就会压垄、伤秧、伤薯。综合上述因素可知，动力上能满足作业要求的拖拉机，轮距不一定就符合垄距的要求，故必须对动力、轮距和种植垄距进行合理配套，否则将严重影响碎蔓收获作业质量，导致全程配套作业难以实现。

生产上选择拖拉机轮距时以后轮参数为准，后轮距与垄距基本接近较为合适，拖拉机动力应以满足耗功较大的收获机需求为准，轮垄距离匹配实例如图9.1所示。

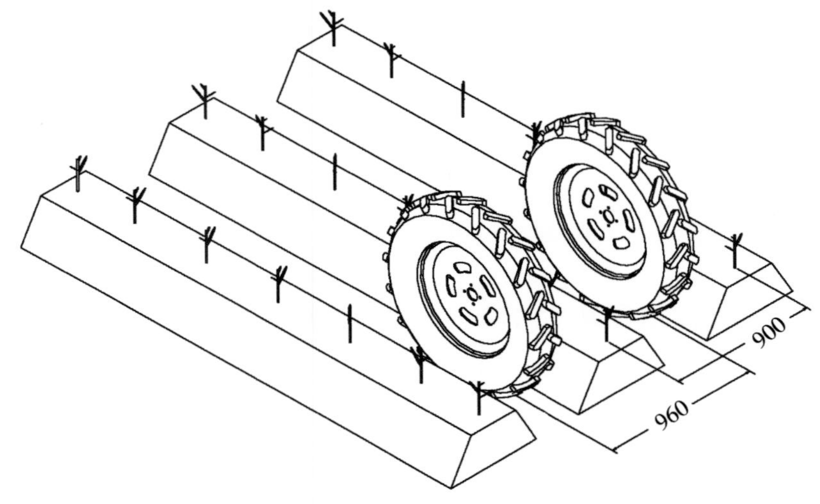

图9.1　拖拉机后轮距与垄距匹配简图（单位：mm）

9.4.2　不同种植田块机型选择要点

不同甘薯种植田块碎蔓收获机型选择的要点如下。

（1）小田微机。在丘陵坡地小田块采用微型起垄机、步行式碎蔓还田机、手扶式升运链收获机或手扶式收获犁作业。

（2）中田单垄。在平原坝区、丘陵缓坡等中型田块（5亩左右）可选用25～40马力四轮拖拉机配套的单行起垄、移栽、中耕、碎蔓、收获机械作业。

（3）大田双垄。在平原坝区、丘陵缓坡等大型田块（10亩以上的）可选用80～110马力四轮拖拉机配套的双行起垄、移栽、中耕、碎蔓、收获机械作业。

9.4.3 不同用途、土壤机型选择要点

除蔓收获机具的选择要根据国情、甘薯用途、土壤等情况，选择不同类型机型，具体如下。

（1）除蔓仍以碎蔓还田机型为主。受设备成本、藤蔓利用处理技术及成本、性价比等因素影响，当前国内甘薯藤蔓去除还是以藤蔓粉碎还田机型为主，整蔓收集饲用机械将是除蔓技术的研究方向之一，故而目前还是选择藤蔓粉碎还田机具。

（2）鲜食和种用甘薯应以低破损收获机为主。因鲜食和种用甘薯非常注重薯块的外观性，故选择挖掘收获机具时应重点关注薯皮的破损情况，沙壤土地区可选择挖掘犁、升运链分段收获机作业，而黏土地区建议选择挖掘犁作业，避免破损。

（3）淀粉用甘薯应以省工节本的收获机为主。淀粉用甘薯对甘薯外观的要求相对较低，更关注作业效率、节省人工、降低劳动强度等，故可选择甘薯联合收获机、升运链分段收获机等机型。

（4）不同土壤类型应选不同形式的收获机。在黏土壤土地区可采用挖掘收获犁破垄挖掘，在土壤湿度、松散度较为合适时，可选择升运链分段收获机、甘薯联合收获机作业；在沙壤土、砂浆黑土地区可采用升运链分段收获机或联合收获机收获作业，效率高、薯土分离质量好。

9.5 研究结论及建议

（1）依据对机械化碎蔓收获作业质量影响因素的重要程度，从薯蔓的长短粗细和薯块生长深度、大小、长短、结薯范围、抗损伤特性等方面对适宜机械碎蔓收获作业的品种选育提出技术要求，并排出优先级，逐步解决。

（2）为适宜机械碎蔓收获作业，在栽培技术方面应做到：在一定区域范围内统一种植规格，便于机械田间行走和耕种收各环节集成配套，在不同区域，可优先选择900mm、1 000mm、800mm、1 100mm的种植垄距；尽量采用净作种植方式，如间作或套种，一定要留好种植开度，便于机械田间行走或掉头作业。

（3）以适宜机械碎蔓收获为目标，从全程机械化作业配套考虑，提出“单行起垄单垄碎蔓收获作业模式”“双行起垄单行碎蔓收获作业模式”“两行起垄两垄碎蔓收获作业模式”“多行起垄两垄碎蔓收获作业模式”“宽垄单行起垄双行栽插碎蔓收获作业模式”“大垄双行起垄碎蔓收获作业模式”6种机械作业模式，供不同种植区、拥有不同动力的种植户选择。

（4）在甘薯碎蔓收获机械选型中应遵循轮距垄距相匹配原则。在不同种植田块应采用小田微机、中田单垄、大田双垄的选型原则；目前国内除蔓仍以藤蔓粉碎还田机型为主，鲜食和种用甘薯应以低破损收获机型为主，淀粉用甘薯应以省工节本的收获机为主；黏土壤土区可优选挖掘收获犁，在土壤湿度、松散度较合适时，可选择升运链分段收获机、甘薯联合收获机作业；在沙壤土、砂浆黑土区可选升运链分段收获机或联合收获机收获作业。

10 总结与展望

10.1 研究结论

针对我国甘薯碎蔓收获机械的研发使用严重滞后于生产需求，已成为制约我国甘薯生产机械化发展的主要技术瓶颈问题，从农机农艺融合的视角出发，以宜机化碎蔓收获和全程机械化作业为目标，开展收获期甘薯藤蔓机械特性研究，重点以1JSW-600型步行式薯蔓粉碎还田机，1JHSM-900型悬挂式薯蔓粉碎还田机，4GSL-1型自走式甘薯联合收获机，4GS-1500型升运链式甘薯收获机，甘薯收获挖掘犁等5款典型碎蔓、收获机具为代表，开展机构设计和试验研究及优化，并研究提出适宜的配套农艺、作业模式、选型原则等，为我国甘薯碎蔓收获生产机械化发展提供典型机具结构参数、农机农艺配套等理论依据和借鉴参考，旨在提升我国甘薯生产机械化整体技术水平。主要研究结论如下。

（1）收获期甘薯藤蔓机械特性是影响甘薯藤蔓粉碎还田设备作业质量和确定甘薯最宜挖掘收获期的重要因素，研究对象为2种典型食用型甘薯品种宁紫1号、宁紫2号，其藤蔓在甘薯收获期时，植株生长时间越长，茎秆含水率越低；植株生长时间越长，其茎秆剪切力越大；随着生长期的增长，藤蔓剪切力不断增加，甘薯藤蔓粉碎还田机的作业质量也呈下降趋势；从提高机械碎蔓、收获作业质量角度出发，宁紫1号、宁紫2号收获期内最宜机械化碎蔓作业的时间为6～8d，时间相对较短，超过最宜期后，机械碎蔓和机械收获薯块的整体作业质量将有所影响或下降。

（2）研究设计的1JSW-600型步行式薯蔓粉碎还田机，配套动力6.3kW，作业幅宽600mm，能一次完成挑秧、拢蔓、割蔓、粉碎、还田作业，具有整机幅宽小、重量轻、操作便利、转弯半径小、爬坡过坎方便，便于田间转移和适应较窄机耕道行走等特点，能较好地满足我国丘陵山区、育种小区甘薯碎蔓作业，亦可用于平原地区甘薯生产。对该机粉碎合格率影响显著的各因素顺序为：刀辊转速>离地间隙>刀片间距；各因素对留茬高度影响显著顺序为：离地间隙>刀辊转速>刀片间距；各因素对伤薯率影响显著顺序为：离地间隙>刀辊转速>刀片间距。该机最优工作参数组合：刀辊转速为1 950r/min、离地间隙为25mm、刀片间距为42mm，此时秧蔓粉碎合格率为93.85%、留茬高度为45.44mm、伤薯率为0.24%。

（3）研究设计的1JHSM-900型悬挂式薯蔓粉碎还田机与18.4～22.1kW四轮拖拉机悬挂配套，作业幅宽900mm，能一次完成挑秧、切蔓、粉碎、还田作业，研发的防刀片磨损结构、“动套静”防缠绕、靴形垄沟挑秧粉碎、仿垄座内腔二次粉碎、异形刀组配碎蔓等关键技术，有效解决了甘薯藤蔓易缠绕阻塞刀辊、秧蔓粉碎率低、垄顶留茬长、伤薯率高、垄沟残蔓多、垄沟需二次清理等问题，提高了碎蔓机作业效果和作业顺畅性。采用了Pro/E、运动学仿真、有限元分析和SPSS分析软件对900型甘薯藤蔓粉碎还田机进行了优化设计研究，提高了该机工作的稳定性、可靠性和安全性。试验表明，对垄面薯蔓粉碎长度合格率影响的主次因素排序为：刀辊转速>甩刀离地高度>前进速度；对垄顶留茬高度影响的主次因素排序为：甩刀离地高度>刀辊转速>前进速度；影响该机作业综合指标的主次因素为：刀辊转速=甩刀离地高度>前进速度。该机最优工作参数组合：

前进速度0.6m/s，刀辊转速2 000r/min，甩刀离地高度10mm，此时垄面薯蔓粉碎长度合格率为94.4%、垄顶留茬高度为49.0mm、前行速度为1.67m/s（纯生产率为8.12亩/h）。

（4）研究设计的4GSL-1型自走式甘薯联合收获机收获工艺流程为：挖掘—捡拾—输送—薯土分离—薯秧分离—人工清选—集薯，机型为履带自走式，一次收一垄，其配套动力65kW，作业效率0.16～0.33hm^2/h，履带轨距为90cm。该机主要由履带自走底盘、传动系统、机架、限深机构、挖掘装置、输送分离机构、薯秧分离机构、弧栅交接机构、提升输送机构、清选台、输土装置、集薯机构等组成，可一次完成单垄甘薯的限深、挖掘、输送、薯土分离、薯秧强制分离、清选、集薯等作业。该机以收淀粉用甘薯为主，亦可收鲜食加工型甘薯，可实现一机多用，亦可用于马铃薯收获。采用四因素三水平Box-Behnken试验方法开展响应面研究分析，对损失率影响程度从大到小顺序为：提升输送角度、输送分离机构筛面线速度、提升输送速度、输送分离机构角度；对伤薯率影响程度从大到小顺序为：输送分离机构筛面线速度、输送分离机构角度、提升输送速度、提升输送角度。该机最优作业参数组合为：收获作业前行速度1.0m/s、输送分离机构角度20°、提升输送角度68°、输送分离机构筛面线速度1.2m/s、提升输送速度0.67m/s，此时，该机薯块损失率为1.12%、伤薯率为0.94%。

（5）研究设计的4GS-1500型甘薯收获机是一款杆条升运链式的分段收获机，可一次完成限深挖掘、输送清土、成条铺放等作业，与拖拉机三点悬挂联结，配套动力50kW以上，作业效率0.2～0.4hm^2/h，作业幅宽为1 500mm。该机升运链系统采用了两段式输送链结构，薯块损伤主要发生在杆条升运链输送、分离和抛落薯过程中。改进后的杆条采用双层结构，杆条直径为16mm，链杆间距为75mm，拢薯器出薯口宽度为1 080mm，可有效减少甘薯动态堆积，减小输送阻力、冲击力和摩擦力；优化后的杆条运行速度为2.1m/s、机具前进速度1.9m/s、第二段杆条升运链倾角16°，此时，甘薯因抛落伤薯现象得到较大改善。另外，安装防缠绕装置有利于提高明薯率、降低伤薯率、提升作业顺畅性；采用两侧漏土栅结构有利于提高明薯率、作业顺畅性和生产率，但会小幅增加伤薯率。

（6）研究设计的4GL-1型甘薯收获挖掘犁主要由犁壁、犁柄、调节装置、连接架等组成，与支撑平台组配后，通过三点悬挂与四轮拖拉机悬挂作业，非常适合小规模种植区作业，常用于鲜食或种用甘薯收获，可一次完成入土破垄、挖掘碎土、翻薯出土等收获作业。单犁配套动力为25～30马力，犁体挖掘宽度达到340mm，犁体入土角调节可达0°～26°，犁体上下调节范围为300mm，最大收获挖掘深度可达300mm。田间试验表明，土壤含水率为23.7%时，该犁挖掘收获明薯率为97%、漏挖率为0.3%、伤薯率为1%、破皮率为1.5%。

（7）农机农艺融合，提出适宜机械碎蔓收获作业的品种选育技术要求。依据对机械化碎蔓收获作业质量影响因素的重要程度，排出优先级，逐步解决，从大到小顺序依次为薯蔓的长短粗细适中、薯块生长深度大小长短适宜、结薯范围集中、薯皮抗损伤特性要强。为适宜机械碎蔓收获作业，在栽培技术方面应做到：在一定区域范围内统一种植规格，便于机械田间行走和耕种收各环节集成配套，在不同区域，可优先选择900mm、1 000mm、800mm、1 100mm的种植垄距；尽量采用净作种植方式，如间作或套种，一定要留好种植开度，便于机械田间行走或掉头作业。

（8）以适宜机械碎蔓收获为目标，从全程机械化作业配套考虑，提出“单行起垄单垄碎蔓收获作业模式”等6种机械作业模式，供不同种植区、拥有不同动力的种植户选择。在甘薯碎蔓收获机械选型中应遵循轮距垄距相匹配原则；在不同种植田块应采用小田微机、中田单垄、大田双垄的选型原则；目前国内除蔓仍以藤蔓粉碎还田机型为主，鲜食和种用甘薯应以低破损收获机型为主，淀粉用甘薯应以省工节本的高效收获机为主；黏土壤土区可优选收获挖掘犁，在土壤湿度、松散度较合适时，可选择升运链分段收获机、甘薯联合收获机作业；在沙壤土、砂浆黑土区可选升运链分段收获机或联合收获机收获作业。

10.2 主要创新内容

（1）采用理论设计与响应面、仿真建模及有限元等试验研究分析相结合的方法，对2款甘薯藤蔓粉碎还田机、3款甘薯收获机械的作业质量和参数优化开展了研究与分析。研究表明1JSW-600型步行式薯蔓粉碎还田机中对粉碎合格率影响显著的各因素顺序为：刀辊转速>离地间隙>刀片间距，对伤薯率影响显著顺序为：离地间隙>刀辊转速>刀片间距；采用Pro/E、运动学仿真、有限元分析和SPSS分析软件对1JHSM-900型甘薯藤蔓粉碎还田机进行的优化设计研究，提高了该机工作的稳定性、可靠性和安全性，并得出影响该机作业综合指标的主次因素为：刀辊转速=甩刀离地高度>前进速度；在4GSL-1型自走式甘薯联合收获机中对损失率影响程度顺序为：提升输送角度>输送分离机构筛面线速度>提升输送速度>输送分离机构角度，对伤薯率影响程度顺序为：输送分离机构筛面线速度>输送分离机构角度>提升输送速度>提升输送角度；对4GS-1500型甘薯分段收获机的杆条输送分离薯块损伤和抛落薯损伤进行力学分析，揭示了薯块损伤受挤压力、冲击力、摩擦力等综合作用的机理，并优化了杆条运行速度、机具前进速度、第二段杆条升运链倾角等关键参数；对4GL-1收获挖掘犁作业时犁体受力建模分析，明晰了犁体所受牵引阻力、摩擦阻力、切削阻力及土壤重力等作用力的机理，为挖掘犁生产作业参数设计和优化调整提供了依据。

（2）研发“动套静”防缠绕、靴形垄沟挑秧、刀片防磨损等关键技术，有效提高了碎蔓机作业效果、作业顺畅性和使用寿命。针对步行式薯蔓粉碎还田机和悬挂式甘薯藤蔓粉碎还田机存在的作业效果差、顺畅性低、整机寿命短等问题，创新研发“动套静”防缠绕、靴形垄沟挑秧粉碎、仿垄座内腔二次粉碎、异形刀组配碎蔓、防刀片磨损结构等关键技术或结构，有效解决了甘薯藤蔓粉碎作业中藤蔓易缠绕阻塞刀辊、秧蔓粉碎率低、垄顶留茬长、伤薯率高、垄沟残蔓多、垄沟需二次清理等问题，提高了两款碎蔓机作业效果和作业顺畅性。

（3）攻克收获易壅堵阻塞、破损多、薯拐去除难、机具经济性差难题，创制出填补国内甘薯技术领域空白的4GSL-1型自走式甘薯联合收获机。为进一步节约人工、提质增效，满足中大田块规模化生产需求，以优质、高效、低损、多功用为主控目标，通过优化结构形式、结构参数、运动参数和组配方式，重点研发优化了整机模块化结构、仿形垄顶镇压限深、低损整铲尾栅挖掘、浮动防缠绕侧切藤草、弹性杆条导入链杆槽辊对压式薯块残藤强制分离、可调式三段提升输送、薯块弧栅顺畅交接等关键技术，先后研发出两代自走式甘薯联合收获机，创制的自走式甘薯联合收获机可一次完成挖掘、输送、清土、去残蔓、薯拐分离、选别、集薯作业，并可一机多用，能兼收马铃薯，有效解决了收获用工多、捡拾劳动强度大等问题，提高了机械化收获作业集成度和作业效率。

（4）农机农艺融合，以适宜机械化碎蔓、收获作业为目标，“机制、基础、机具”相结合，以经济适用为原则，拟实现甘薯全程机械化作业集成配套。为提高机械碎蔓、收获作业质量，开展收获期甘薯藤蔓机械特性研究，提出了研究对象在收获期内最宜机械化碎蔓作业时间为6～8d的结论；从薯蔓的长短粗细、薯块生长深度、薯块大小长短、结薯范围、薯皮抗损伤特性等方面提出品种选育技术要求；从统一种植规格、净作种植优先等方面提出栽培技术要求。提出在甘薯碎蔓收获机械选型中应遵循轮距垄距相匹配原则；在大小不同种植田块应采用小田微机、中田单垄、大田双垄的选型原则；黏土壤土区可优选收获挖掘犁，在土壤湿度、松散度较合适时，可选择升运链分段收获机、甘薯联合收获机作业，在沙壤土、砂浆黑土区可选升运链分段收获机或联合收获机收获。以适宜机械碎蔓收获为目标，从全程机械化作业配套考虑，提出了"单行起垄单垄碎蔓收获作业模式""两行起垄两垄碎蔓收获作业模式"等6种机械作业模式，满足市场多元化生产需求。

10.3 研究展望

我国甘薯种植面积居世界首位，但受自然条件、种植制度、研发平台、工业基础、制造企业、社会服务和农机农艺未能有效融合等客观因素制约，其生产机械化程度还比较低，虽然近些年国家、部分省份的甘薯产业在技术体系和科研计划支持下，我国甘薯生产机械主要环节初步实现了从无到有发展，但距离满足市场需求还有较大差距，鲜食和种用甘薯还缺少高效省工低破损的收获机械，甘薯联合收获技术装备还处于样机试验阶段，部分高性能机具研发尚处空白，已研发和使用的部分机具的适应性、稳定性及配套技术还需进一步优化提升。

在甘薯机械化除蔓、收获领域，下一步继续优化提升现已研发的1JSW-600型步行式薯蔓粉碎还田机机配套动力系统性能，提高丘陵地区推广使用力度；继续优化提升4GSL-1型自走式甘薯联合收获机作业质量、生产率和操控便利性，尽早产业化应用。为满足市场需求，将研发适宜平原地区作业的中大型高效多行碎蔓机；研发整蔓收集打包饲用联合作业机，提高藤蔓的饲料化用途；研发用于田间鲜甘薯茎叶采收机，扩大甘薯综合种植效益。提升完善现有甘薯分段收获作业技术，加大适宜平原地区作业的中大型多垄分段收获机研发力度；研发提升丘陵小地块使用的小型挖掘收获机和适宜黏重土壤作业的挖掘犁；加强除蔓与挖掘收获、分离清选、集薯等作业为一体的联合收获技术及装备研发力度，提高作业集成度；加大多行高效甘薯捡拾联合收获技术装备研发；并加大信息化技术、智能控制技术和智能辅助驾驶技术等在甘薯碎蔓、收获机械上的应用。

参考文献

敖方源，熊志刚，赵成刚，等，2015. 重庆市甘薯生产机械化技术试验探讨[J]. 农机科技推广（9）：38-39.

蔡玉虎，吕钊钦，2018. 履带式小型甘薯秧蔓处理机的设计[J]. 农机化研究，40（3）：104-108.

蔡玉虎，2017. 甘薯收获与秧蔓回收联合作业机的设计与仿真[D]. 泰安：山东农业大学.

陈小冬，胡志超，曹成茂，等，2018. 薯类联合收获机薯茎分离机构研究与展望[J]. 中国农机化学报，39（12）：10-17.

陈小冬，胡志超，彭宝良，等，2019. 自走式甘薯联合收获机摘辊的有限元分析[J]. 中国农机化学报，40（8）：12-19.

陈小冬，胡志超，王冰，等，2019. 单垄单行甘薯联合收获机薯秧分离机构设计与参数优化[J]. 农业工程学报，35（14）：12-21.

陈小冬，2020. 自走式甘薯联合收获机薯茎分离特性研究与机构优化[D]. 合肥：安徽农业大学.

程祥勋，2019. 新型甘薯收获机关键装置设计与试验[D]. 泰安：山东农业大学.

崔中凯，张华，周进，等，2020. 4U-750牵引式甘薯收获机设计与试验[J]. 中国农机化学报，41（5）：1-5+25.

高国华，董博，杨德秋，等，2020. 薯土输送分离机构仿真分析与创新设计[J]. 农业工程，10（11）：71-78.

高国华，李博文，杨德秋，等，2019. 基于离散元法和TRIZ理论的薯土分离机构优化[J]. 现代农业装备，40（5）：10-18.

高国华，谢海峰，李博文，等，2019. 甘薯跌落碰撞损伤试验研究与分析[J]. 中国农机化学报，40（9）：85-90.

高国华，谢海峰，2019. 基于EDEM的薯土分离机构数值分析与模拟[J]. 农机化研究，41（1）：15-21.

高娇，张莉，李小龙，等，2015. 甘薯机械化割蔓对比试验[J]. 农业工程，5（S2）：9-11.

耿义，刘玉，倪浩，等，2020. 甘薯收获机发展现状及制约因素[J]. 现代农业科技（3）：164-165.

韩嫣，屈雪，黄东，等，2019. 甘薯收获环节损失率测算及影响因素分析[J]. 西南农业学报，32（6）：1383-1390.

河南省商丘市农林科学院，2015. DB 41/T 1010—2015，河南省地方标准甘薯机械化起垄收获作业技术规程[S]. 郑州：河南省质量技术监督局.

胡良龙，胡志超，等，2011. 我国甘薯生产机械化技术路线研究[J]. 中国农机化（6）：20-25.

胡良龙，胡志超，胡继洪，等，2012. 我国丘陵薄地甘薯生产机械化发展探讨[J]. 中国农机化，（5）：6-8，44.

胡良龙，胡志超，王冰，等，2012. 国内甘薯生产机械化研究进展与趋势[J]. 中国农机化（2）：14-16.

胡良龙，田立佳，胡志超，等，2013. 4GS-1500型甘薯宽幅收获机的研究设计与试验[J]. 中国农机化学报，34（3）：151-154.

胡良龙，田立佳，计福来，等，2014. 甘薯生产机械化作业模式研究[J]. 中国农机化学报，35（5）：165-168.

胡良龙，王公仆，凌小燕，等，2015. 甘薯收获期藤蔓茎秆的机械特性[J]. 农业工程学报，31（9）：45-49.

胡良龙，王公仆，王冰，2020. 我国甘薯垄作种植机械化技术研究[M]. 北京：中国农业科学技术出版社.

李涛，周进，徐文艺，等，2018. 4UGS2型双行甘薯收获机的研制[J]. 农业工程学报，34（11）：26-33.

李震，熊波，张莉，等，2016. 甘薯收获机对比试验[J]. 农业工程，6（S2）：15-17.

罗志豪，刘玉，马坡，等，2020. 甘薯收获机挖掘铲的有限元分析[J]. 现代农业科技（7）：172-173.

吕金庆，尚琴琴，杨颖，等，2016. 马铃薯杀秧机设计与优化[J]. 农业机械学报，47（5）：106-114.

吕金庆，田忠恩，杨颖，等，2015. 马铃薯机械发展现状、存在问题及发展趋势[J]. 农机化研究，12：258-263.

马标，胡良龙，许良元，等，2015. 甘薯秧蔓粉碎还田机刀辊设计与动平衡分析[J]. 中国农机化学报，36（4）：18-21.

马坡，刘玉，张庆俊，等，2020. 甘薯收获机破皮率影响因素研究[J]. 现代农业科技（6）：158+162.

穆桂脂，辛青青，玄冠涛，等，2019. 甘薯秧蔓回收机仿垄切割粉碎抛送装置设计与试验[J]. 农业机械学报，50（12）：53-62.

穆桂脂，张现广，吕钊钦，等，2018. 仿形甘薯杀秧机刀辊的设计与仿真分析[J]. 中国农机化学报，39（5）：21-26+73.

裴岩，樊柴管，2018. 甘薯蔓藤自动化清除装置的优化思路[J]. 南方农机，49（20）：1.

裴岩，樊晋娜，2020. 甘薯移栽、收获环节机械化的关键问题研究[J]. 南方农机，51（22）：64-65.

钱蕾，2016. 甘薯的收获与安全贮藏技术[J]. 农业开发与装备（7）：139-140.

秦素研，王俊岭，刘志坚，等，2015. 甘薯机械化收获品种筛选及其特性研究[J]. 宁夏农林科技，56（4）：6-7.

邱永祥，李国良，刘中华，等，2017. 机采型叶菜用甘薯育种思考[J]. 福建农业科技（5）：63-65.

申海洋，胡良龙，王冰，等，2020. 薯类收获提升输送装置研究现状与展望[J]. 中国农机化学报，41（5）：17-25.

申海洋，纪龙龙，胡良龙，等，2020. 甘薯收获期薯块机械物理特性参数研究[J]. 中国农机化学报，41（12）：55-61.

申海洋，王冰，胡良龙，等，2020. 4UZL-1型甘薯联合收获机薯块交接输送机构设计[J]. 农业工程学报，36（17）：9-17.

沈公威，王公仆，胡良龙，等，2019. 甘薯菜用茎尖收获装置发展概况与展望[J].

中国农机化学报，40（3）：26−32.
沈公威，王公仆，胡良龙，等，2019. 甘薯茎尖收获机研制[J]. 农业工程学报，35（19）：46−55.
施智浩，胡良龙，吴努，等，2015. 马铃薯和甘薯种植及其收获机械[J]. 农机化研究，37（4）：265−268.
施智浩，胡良龙，吴努，等，2015. 马铃薯和甘薯种植及其收获机械[J]. 农机化研究，4（4）：265−268.
谭苏南，刘玉，耿义，2020. 甘薯收获机的环保性设计研究[J]. 南方农机，51（6）：3+31.
童一宁，徐锦大，姚爱萍，等，2017. 丘陵山区甘薯起垄施肥机和收获机设计[J]. 农业工程，7（1）：81−83.
王冰，胡良龙，胡志超，等，2014. 甘薯秧蔓粉碎还田机机架的模态分析与试验研究[J]. 中国农业大学学报，19（5）：163−167.
王冰，胡良龙，胡志超，等，2012. 我国甘薯切蔓机发展概况与趋势分析[J]. 江苏农业科学，40（4）：377−379.
王冰，胡良龙，胡志超，等，2014. 链杆式升运器薯土分离损伤机理研究[J]. 中国农业大学学报，19（2）：174−180.
王冰，胡良龙，田立佳，等，2012. 1JHSM—800型甘薯仿形切蔓机的研制[J]. 中国农机化，（4）：103−106+77.
王冰，胡志超，胡良龙，等，2018. 甘薯联合收获机的研究现状及发展[J]. 江苏农业科学，46（4）：11−16.
王公仆，王冰，胡良龙，等，2018. 甘薯多行收获机杆条升运器设计及试验[J]. 江苏师范大学学报（自然科学版），36（3）：43−46+2.
王涛，柳国光，楼婷婷，等，2019. 丘陵山区甘薯收获机的研制与试验[J]. 中国农机化学报，40（12）：41−46+71.
魏乐乐，2017. 链条式薯秧粉碎回收机设计与仿真[D]. 泰安：山东农业大学.
吴腾、胡良龙、王公仆，等，2017. 步行式甘薯碎蔓还田机的设计与试验[J]. 农业工程学报，33（16）：8−17.
吴腾，胡良龙，王公仆，等，2017. 我国甘薯秧蔓粉碎还田装备发展概况与趋势[J]. 农机化研究，11（11）：239−245.

吴腾，2018. 手扶式甘薯碎蔓还田机设计与优化[D]. 北京：中国农业科学院.

张腾腾，2015. 甘薯秧蔓回收机的设计[D]. 泰安：山东农业大学.

张子瑞，刘贵明，李禹红，2015. 国内外甘薯收获机械发展概况[J]. 农业工程，5（3）：14-18.

郑文秀，吕钊钦，鹿瑶，等，2018. 甘薯成熟期秧蔓的机械物理特性参数研究[J]. 农机化研究，40（6）：173-177+182.

郑文秀，吕钊钦，张万枝，等，2019. 单行甘薯秧蔓回收机设计与试验[J]. 农业工程学报，35（6）：1-9.